Adriana Carolina Gallegos Villacis

PATRONAJE DIGITAL

Adriana Carolina Gallegos Villacis

PATRONAJE DIGITAL

Conceptualización, software y práctica del patronaje

Editorial Académica Española

Imprint

Any brand names and product names mentioned in this book are subject to trademark, brand or patent protection and are trademarks or registered trademarks of their respective holders. The use of brand names, product names, common names, trade names, product descriptions etc. even without a particular marking in this work is in no way to be construed to mean that such names may be regarded as unrestricted in respect of trademark and brand protection legislation and could thus be used by anyone.

Cover image: www.ingimage.com

Publisher:
Editorial Académica Española
is a trademark of
Dodo Books Indian Ocean Ltd. and OmniScriptum S.R.L publishing group

120 High Road, East Finchley, London, N2 9ED, United Kingdom
Str. Armeneasca 28/1, office 1, Chisinau MD-2012, Republic of Moldova, Europe
Printed at: see last page
ISBN: 978-613-9-40939-6

Valentina.

PATRONAJE DIGITAL.

ADRIANA GALLEGOS VILLACIS.

ÍNDICE DE CONTENIDOS.

ÍNDICE DE TABLAS.

ÍNDICE DE FIGURAS.

PREFACIO.

Este libro surge con la intención de servir como una guía integral para todos aquellos interesados en adentrarse en el fascinante mundo del patronaje digital. En un esfuerzo por democratizar el acceso a herramientas avanzadas, se ha elegido Valentina, un software de patronaje digital gratuito que ha demostrado ser una opción poderosa y accesible para diseñadores de todos los niveles.

Valentina no solo ofrece una alternativa económica a los costosos programas de patronaje, sino que también brinda una plataforma intuitiva y versátil para la creación de patrones precisos y personalizados. Con este libro, se aspira a proporcionar una comprensión profunda de este software, desde su configuración inicial hasta el desarrollo de patrones complejos.

A lo largo de las páginas de esta obra, se abordan conceptos fundamentales del patronaje, se explorará las funcionalidades de Valentina y se guiará al lector a través de ejercicios prácticos que les permitirán dominar las herramientas del programa. Este enfoque paso a paso está diseñado para facilitar el aprendizaje y garantizar que los lectores puedan aplicar sus conocimientos de manera efectiva.

Bienvenido al futuro del patronaje digital.

INTRODUCCIÓN.

El arte del patronaje ha sido un elemento clave en la industria de la moda y la confección desde su nacimiento. Tradicionalmente, el proceso de patronaje involucraba una serie de técnicas manuales que, aunque efectivas, podían ser laboriosas y propensas a errores. Con la evolución tecnológica, el campo del patronaje ha experimentado una transformación significativa, adaptándose a las demandas a través del uso de herramientas digitales avanzadas. Este libro está dedicado a explorar en profundidad el campo del patronaje digital, proporcionando a los lectores una guía completa y práctica para dominar esta técnica.

En el primer capítulo, se abordarán los conceptos básicos del patronaje. Aquí, se establece una comprensión sólida de qué es el patronaje, explicando su importancia en la creación de prendas de vestir. Luego, se explora el patronaje industrial, destacando cómo se diferencia del patronaje tradicional y su papel crucial en la producción en masa. Finalmente, se menciona al patronaje digital, un avance que ha transformado la manera en que se diseñan y producen patrones en la actualidad.

El segundo capítulo está dedicado a Valentina, un software de patronaje digital gratuito que ha ganado popularidad por su accesibilidad y funcionalidad. Se desglosan las herramientas del programa Valentina y se ofrece una guía detallada sobre cómo configurarlo para comenzar a diseñar patrones. Los lectores aprenderán a familiarizarse con la interfaz del programa y a personalizarlo según sus necesidades específicas.

En el tercer capítulo, se pondrá en práctica los conocimientos adquiridos al desarrollar un patrón de falda base. Este ejercicio práctico permitirá a los lectores aprender el uso de todas las herramientas de Valentina de manera aplicada y concreta. A través de pasos detallados y ejemplos claros, los lectores podrán seguir el proceso de creación de un patrón de falda desde el inicio hasta el final, adquiriendo habilidades prácticas y una comprensión más profunda del manejo del programa.

Al finalizar este libro, los lectores no solo habrán adquirido una sólida base teórica sobre el patronaje en sus diferentes formas, sino que también estarán equipados con las habilidades prácticas necesarias para utilizar herramientas digitales de vanguardia.

Bienvenidos a un viaje de aprendizaje y descubrimiento en el apasionante mundo del patronaje digital, donde la tradición se encuentra con la tecnología para crear un futuro más innovador y eficiente en la industria de la moda.

CAPÍTULO 1. CONCEPTOS BÁSICOS.

¿QUÉ ES UN PATRÓN?

Un patrón es una plantilla o molde que en el ámbito del corte y confección se utiliza para cortar las piezas de tela que luego se cosen para crear una prenda de vestir, los patrones son una parte importante de la confección ya que permiten que las piezas de tela que formarán la prenda se corten de la manera más precisa y uniforme, lo que facilita el montaje y garantiza que la prenda final tenga las proporciones y el ajuste deseado. El proceso de creación de un patrón puede implicar el dibujo y corte manual sobre papel, pero también puede incluir el uso de software de diseño asistido por computadora (CAD) para mayor precisión y eficiencia.

Según (Gómez, 2012) "Patrón se designa a la estructura base construida como plantilla de papel o de cartón, que luego se traspasa a la tela"

Figura 1
Patrón de camiseta.

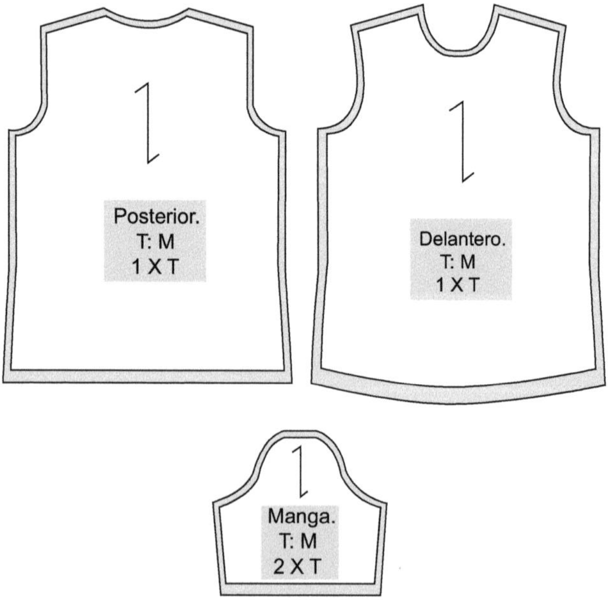

¿QUÉ ES PATRONAJE INDUSTRIAL?

El patronaje industrial es el proceso de creación y desarrollo de patrones a gran escala para la producción masiva de prendas de vestir en la industria de la moda que se lo desarrolla a partir de cuadro de medidas, a diferencia del patronaje personalizado o artesanal que se enfoca en la creación de patrones individuales para piezas únicas o pequeñas producciones, el patronaje industrial se orienta a la eficiencia, la precisión y la repetibilidad necesarias para producir grandes volúmenes de prendas.

El diseño industrial comienza con la idea del diseñador a través del boceto o dibujo técnico, posterior a eso se realiza su patronaje, se corta y confecciona el prototipo.

Luego de evaluar y aprobar la muestra se ejecuta el proceso de escalado, generalmente a través de programas CAD y se procede a su producción industrial (Escuela de Patronaje de Valencia, 2017).

Figura 2

Procedimiento del diseño industrial.

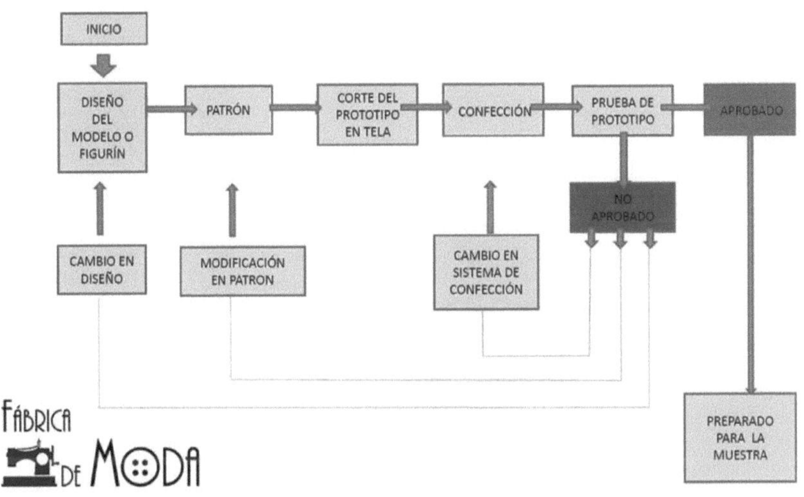

Nota. De Escuela de Patronaje de Valencia, 2017. http://fabricademoda.com/cursos-patronaje-industrial-patronajeescaladopatronaje/

> "El patronaje industrial se originó a partir de la necesidad de vestir a grandes grupos de personas y disminuir los costos de producción" (Audaces, 2019).

Como se trató en el apartado anterior el patronaje industrial está enfocado en cubrir la necesidad de vestir a una cantidad grande de personas. Por ello la industria de la moda ha sufrido constantes innovaciones intentando mejorar los procesos de producción que incluyan agilidad sin afectar los precios del producto y de esta manera satisfacer las necesidades del cliente que en el ámbito de la moda son muy cambiantes, obligando a las empresas de confección renovar sus productos constantemente.

Por todo aquello es necesario utilizar sistemas CAD (sistemas de diseño asistidos por computadora)

Utilizar este tipo de programas aporta varios beneficios:

- Reduce el tiempo de desarrollo del producto.
- Disminuye costos de producción.
- Mejora la calidad de los productos debido al uso de un sistema preciso de modelos, etc.

¿QUÉ ES PATRONAJE DIGITAL?

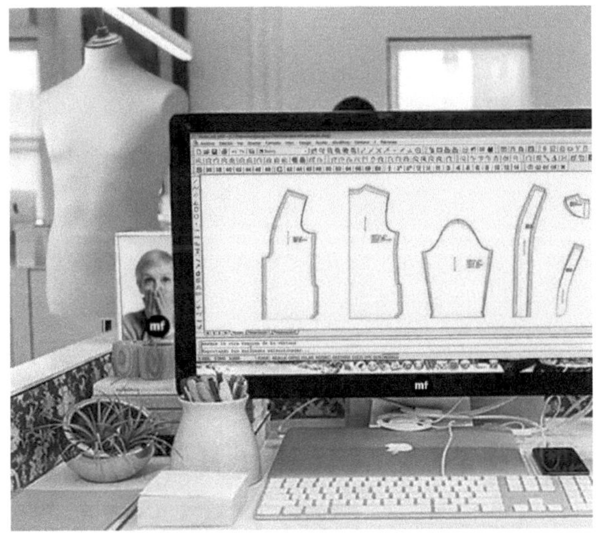

Nota. De muchafibra_escuela, s.f. https://muchafibra.com/tienda/cursos-2/
patroneo-key-en-muchafibra/

Patronaje digital se refiere al proceso de crear, modificar y gestionar patrones de prendas de vestir utilizando software de diseño asistido por computadora (CAD). Con esta herramienta se digitaliza el tradicional proceso de patronaje manual, permitiendo una mayor precisión, eficiencia y flexibilidad en el diseño y producción de moda. A través del uso de tecnología, el patronaje digital facilita la creación de patrones detallados y precisos que pueden ser fácilmente ajustados, almacenados y compartidos.

Para (Taco, M. 2024) "El patronaje digital es un archivo que contiene la información necesaria para producir una prenda, con medidas y formas precisas, pero de forma digital"

CAPÍTULO 2. CONOCIMIENTO DEL PROGRAMA.

¿EXISTE UN SOFTWARE DE PATRONAJE GRATUITO?

"Valentina" es una herramienta de software de diseño de patrones de código abierto.

Figura 4

Icono del programa Valentina.

Nota. De smart-pattern, s.f. https://smart-pattern.com.ua/en/valentina/download/

En la actualidad el patronaje digital se elabora en programas que se encuentran en el mercado con un costo elevado causando que no todos tengan acceso a este tipo de programas.

Valentina es un software gratuito de fácil descarga haciendo esto que todos los interesados en aprender a utilizar este tipo de programas lo puedan hacer, en el mismo se pueden crear cualquier tipo de patrones en las medidas que se desee, también se puede cambiar de talla de una manera muy sencilla a diferencia de otro tipo de programas en los que se debe hacer un proceso detallado del escalado.

Los patrones que se elaboren pueden ser impresos en impresoras caseras o en plotters industriales.

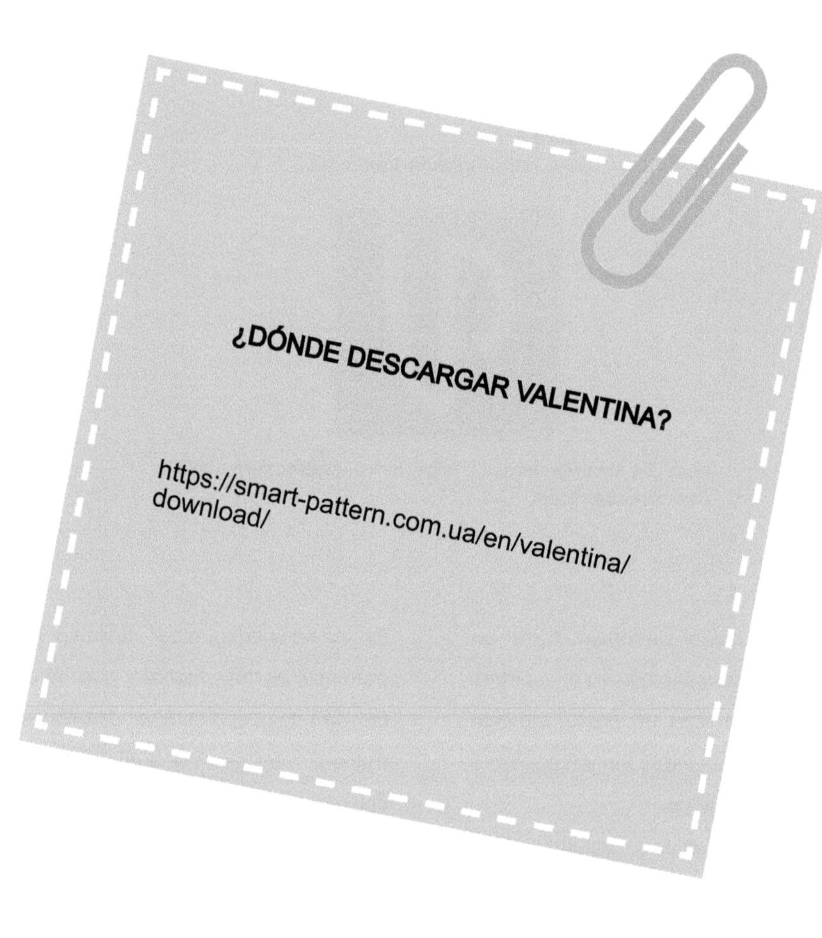
¿DÓNDE DESCARGAR VALENTINA?

https://smart-pattern.com.ua/en/valentina/download/

PASO A PASO PARA DESCARGAR VALENTINA.

Figura 5

Botón de descarga del instalador.

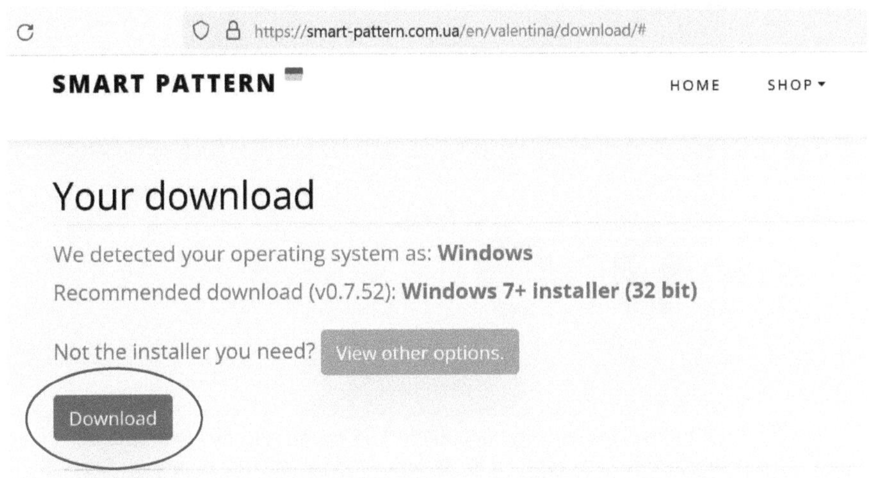

Una vez dentro de la página oficial de Valentina en la parte inferior se encuentra el botón de descarga, dar clic para iniciar la descarga.

Figura 6

Proceso de descarga.

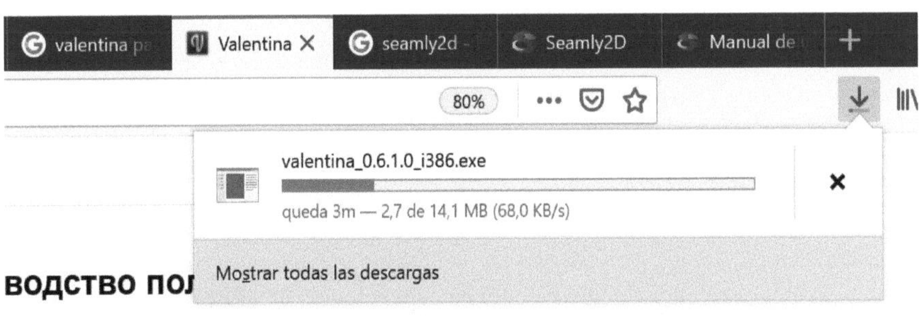

Empezará la descarga.

Figura 7

Instalador del programa.

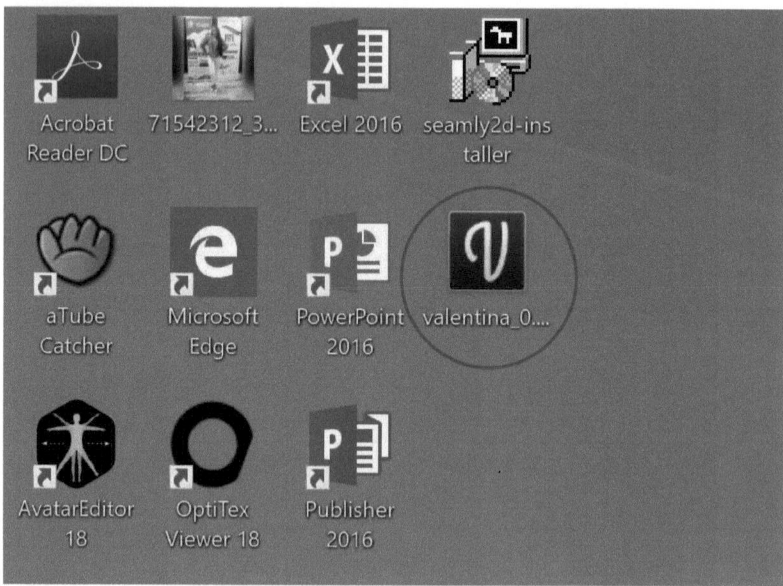

El archivo de descarga (instalador) se encontrará en la carpeta de descargas, en este caso se la trasladó al escritorio para un fácil acceso.

Figura 8

Proceso para ejecutar la instalación.

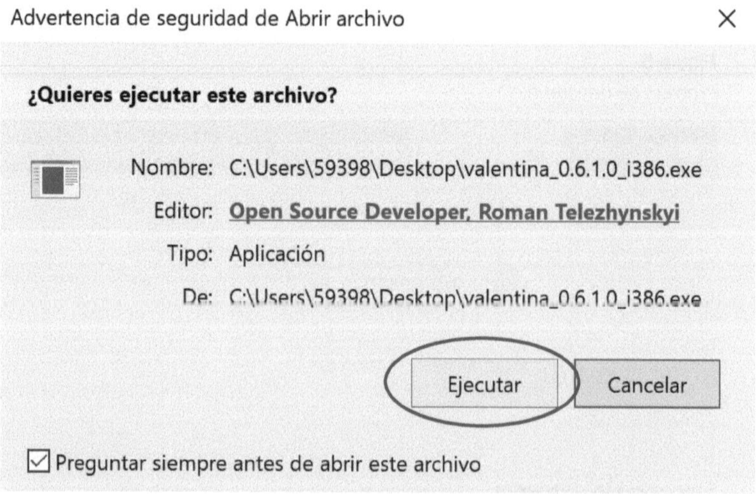

Abrir el instalador o se le dará doble clic, seguido de esto se abrirá un cuadro de diálogo en el que se debe seleccionar "ejecutar" para que empiece la instalación.

Figura 9

Aceptación del acuerdo de licencia.

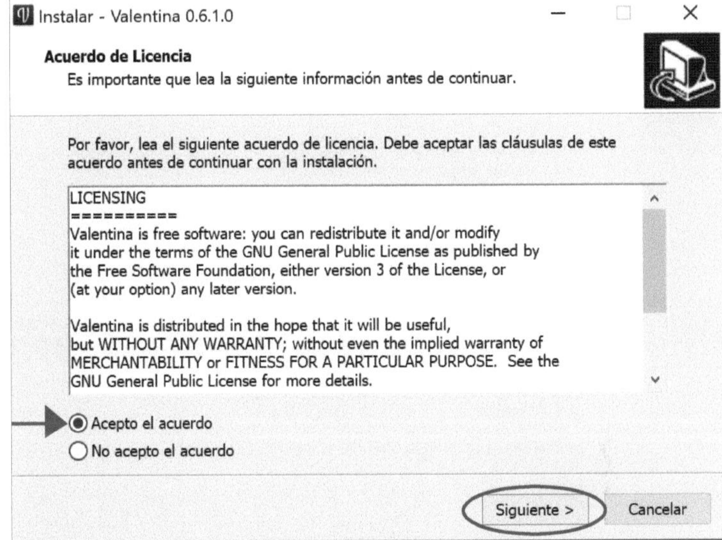

Seguido se abrirá el acuerdo de licencia en el que se deberá
aceptar el acuerdo y presionar "siguiente"

Figura 10

Selección de carpeta para instalar el programa.

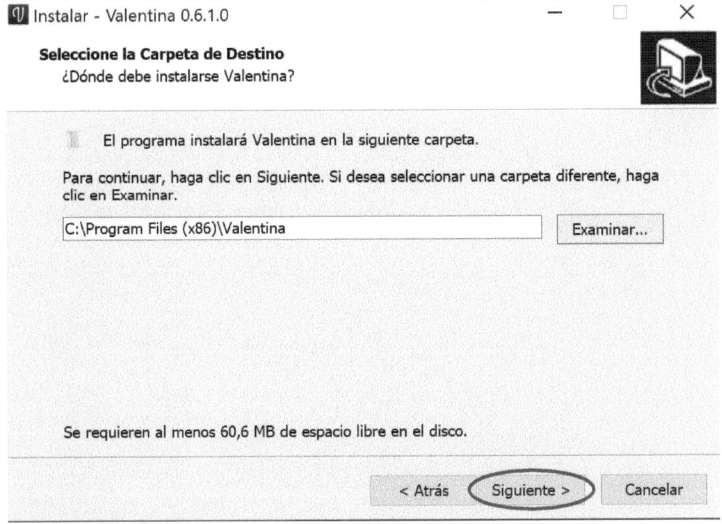

Luego el cuadro de diálogo muestra donde se instalará Valentina,
en "examinar" se podrá seleccionar donde se desea instalar, en
este se dejo en la carpeta preestablecida y se debe presionar
"siguiente"

Figura 11

Selección de idioma.

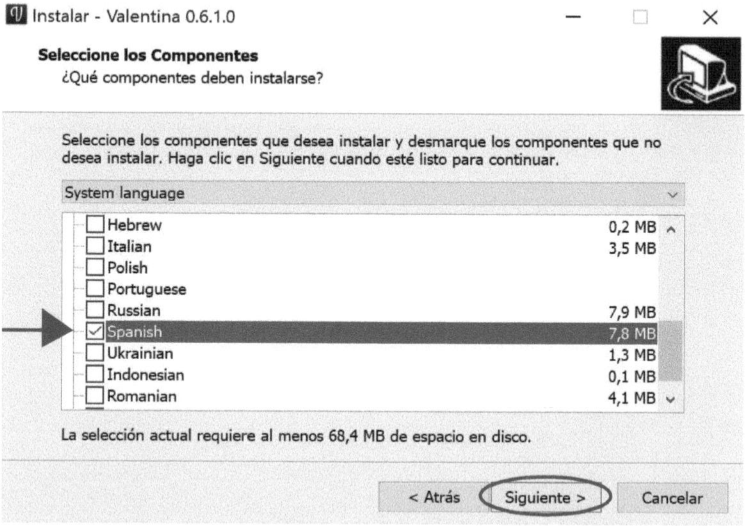

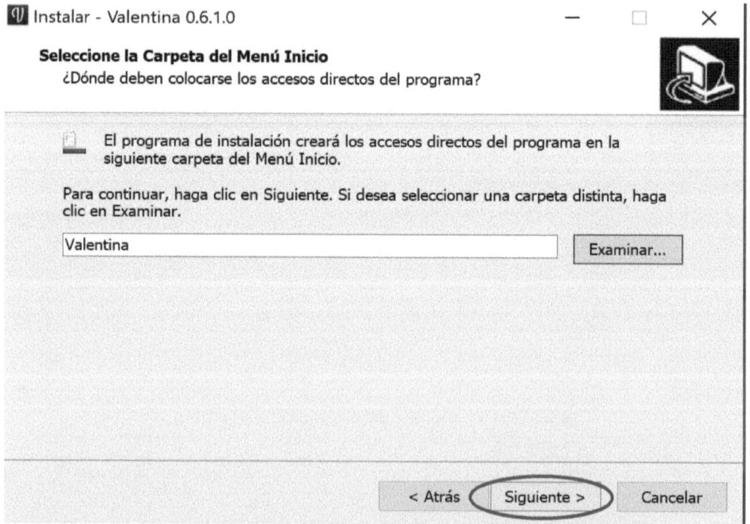

Se abrirá la casilla de idiomas, en el cual es de vital importancia seleccionar el idioma que se requiera, en este caso español "spanish" y se presiona "siguiente"

Figura 12

Selección de carpeta para la ubicación de accesos directos.

Luego el cuadro de diálogo muestra donde se creará los accesos directos del programa, en "examinar" se podrá seleccionar donde se desea instalar, se recomienda dejar donde viene predeterminado y presionar "siguiente"

Figura 13

Aceptación para que se creen iconos en el escritorio.

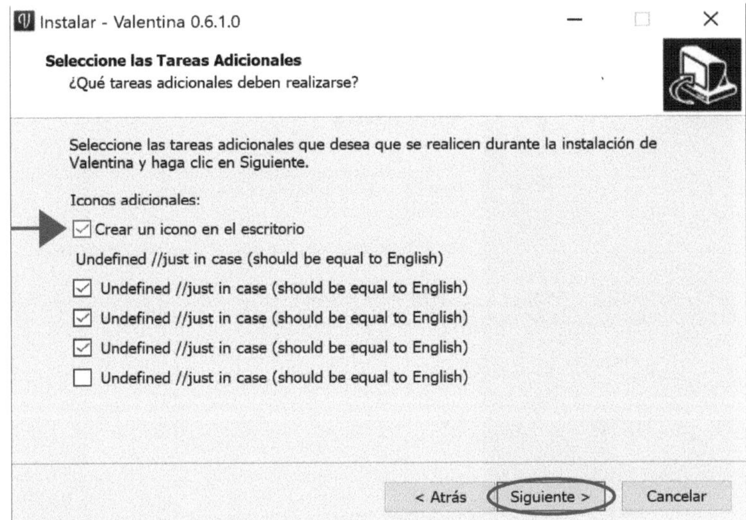

En esta sección se recomienda dejar las selecciones ya establecidas, sin embargo, es importante activar la opción "crear un ícono en el escritorio" para tener un fácil acceso al programa y presionar "siguiente"

Figura 14

Aceptación para la instalación del programa.

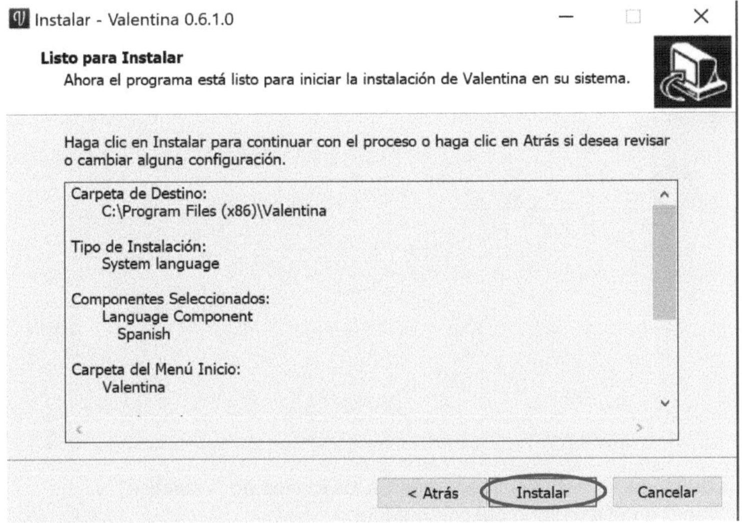

Después de haber seleccionado todo lo necesario se procederá a "instalar"

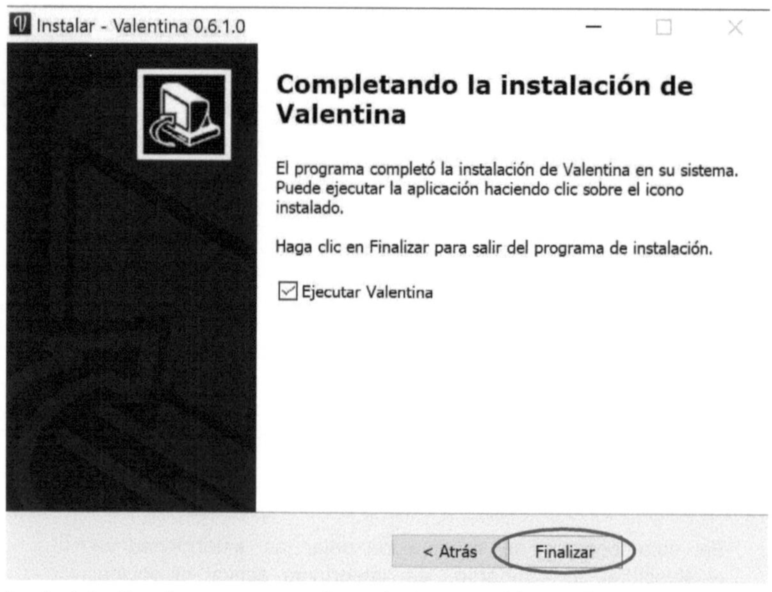

La instalación dura unos cuantos minutos seguido a ello se
presiona "finalizar"

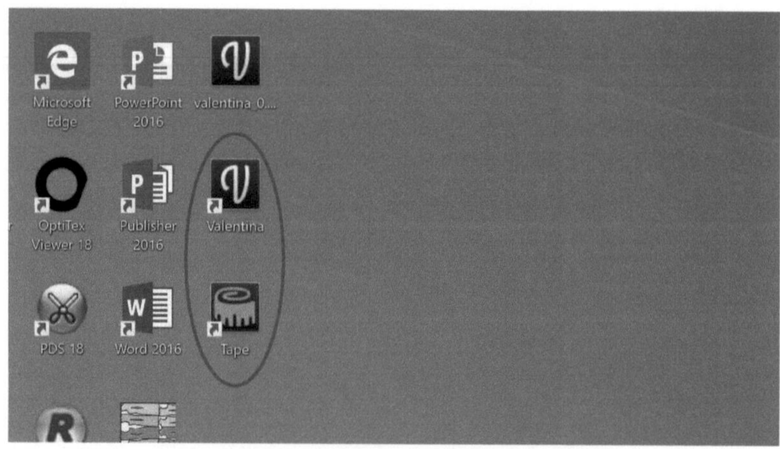

Luego de la instalación aparecerán los íconos de "Valentina" y
"Tape" en el escritorio del computador.

CONFIGURACIÓN BÁSICA DE VALENTINA.

En algunas ocasiones a pesar de haber seleccionado el idioma requerido se puede dar el caso de que el programa aparezca en otro idioma, si llegase a ocurrir eso hacer lo siguiente:

Figura 17

Proceso para ingresar a preferencias.

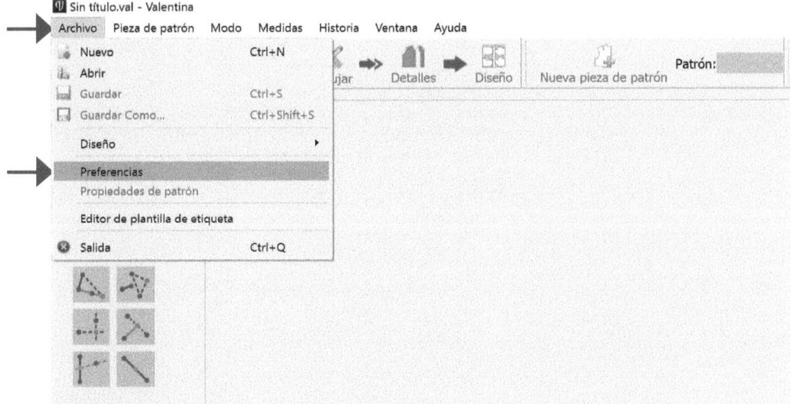

Desde el programa Valentina seleccionar "archivo" seguido de "preferencias"

Figura 18

Proceso para el cambio de idioma.

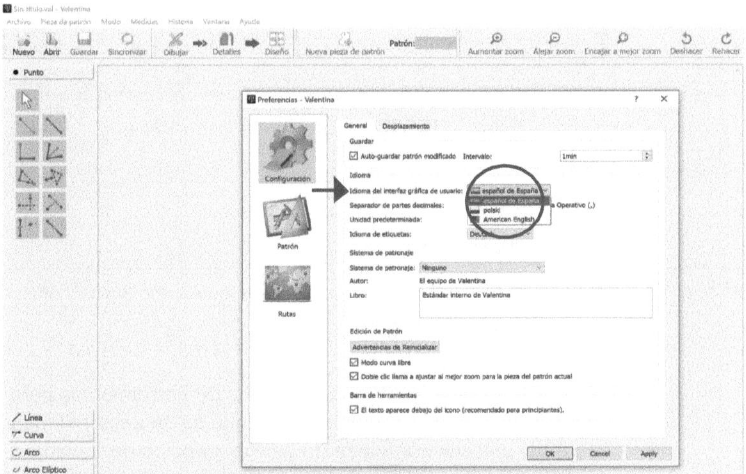

En la opción de "idioma de interfaz gráfica de usuario" se despliega los idiomas que fueron agregados y se selecciona el que se requiera en este caso español.

Figura 19

Proceso para la selección de la unidad de medida.

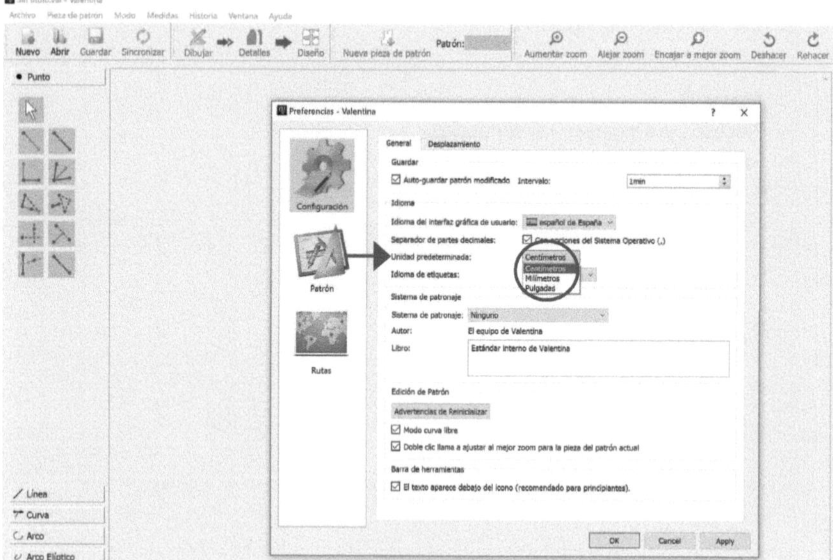

En esta misma sección es importante verificar la "unidad predeterminada" y seleccionar "centímetros"

Figura 20

Proceso para abrir la ventana de opciones de herramientas.

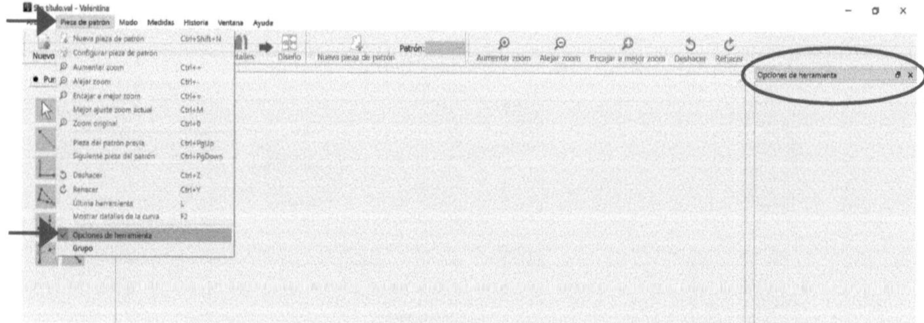

Si se desea tener visible las opciones de herramientas para observar los detalles a medida de lo que se va desarrollando se debe seleccionar "pieza de patrón" seguido de "opciones de herramientas" automáticamente se abrirá la ventana que se podrá cerrar cuando se necesite.

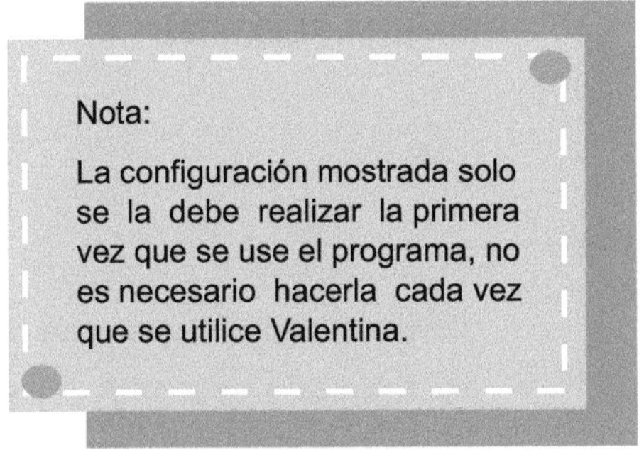

CONOCIMIENTO DEL PROGRAMA VALENTINA.

Figura 21

Herramientas de fácil acceso.

Herramientas de fácil acceso.

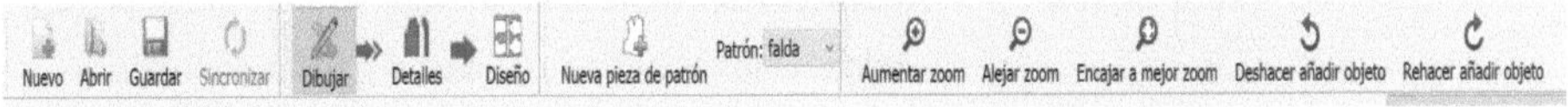

Figura 22

Proceso para ordenar las herramientas.

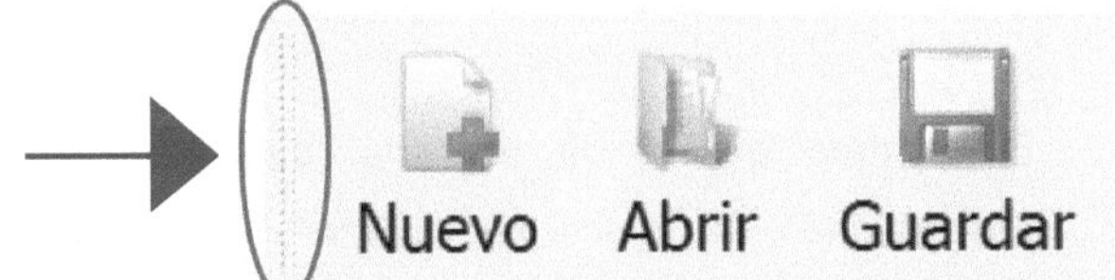

En cada sección aparecen líneas de puntos en el cual ubicando el cursor sobre ellas permitirá mover cada bloque según se desee.

PRIMERA SECCIÓN.

Figura 23

Icono nuevo documento.

Sirve para crear un nueva área de trabajo (En la que se empieza a desarrollar un patron). Se selecciona "nuevo" se ingresa el nombre que se desee y se presiona "ok"

Figura 24

Icono abrir documento.

Sirve para abrir un patrón antes creado. Se selecciona "abrir" y se busca el patrón deseado.

Figura 25

Icono guardar documento.

Sirve para guardar la moldería que se este desarrollando. Se selecciona "guardar" y se señala donde se lo quiera guardar.

Figura 26

Icono dibujar.

Representa el área de trabajo donde se dibuja el patrón.

Figura 27

Icono detalles.

Es el área de trabajo donde se tendrán las piezas finales listas para imprimir junto con sus detalles como costuras, etiquetas, línea de hilo de tela, piquete, etc.

Figura 28

Icono diseño.

Es la sección donde se realiza el tendido para la impresión.

TERCERA SECCIÓN.

Figura 29

Icono nueva pieza de patrón.

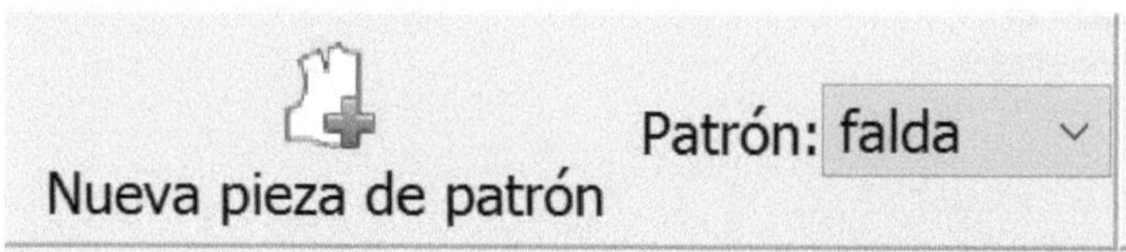

Sirve para crear una nueva pieza a dibujar, cada vez que se cree una nueva pieza de patrón aparecerá un nuevo punto de partida. En el menú desplegable "Patrón" se puede seleccionar la pieza en la que se va a trabajar.

CUARTA SECCIÓN.

Figura 30

Icono aumentar zoom.

Acerca para visualizar de mejor manera el patrón. También se puede mantener presionada la tecla Ctrl y hacer zoom usando el centro del mouse "rueda".

En el caso de trabajar en laptop se lo realiza a través del panel táctil (touchpad)

Figura 31

Icono alejar zoom·

Aleja para visualizar el patrón completo. También se puede mantener presionada la tecla Ctrl y hacer zoom usando el centro del mouse "rueda". En el caso de trabajar en laptop se lo realiza a través del panel táctil (touchpad)

Figura 32

Icono encajar a mejor zoom.

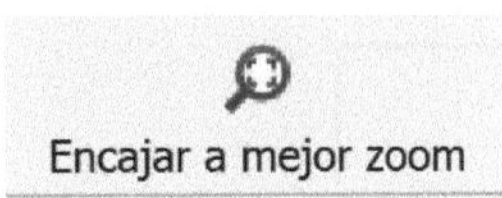

Encajará todo el patrón en el área de diseño.

Figura 33

Icono deshacer añadir objeto.

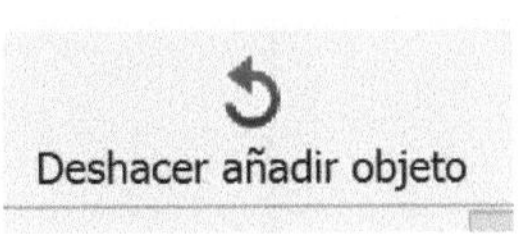

Deshará los pasos anteriores y dará una pista de lo que se hizo anteriormente.

También se puede utilizar el atajo Ctrl / Z.

Figura 34

Icono rehacer añadir objeto.

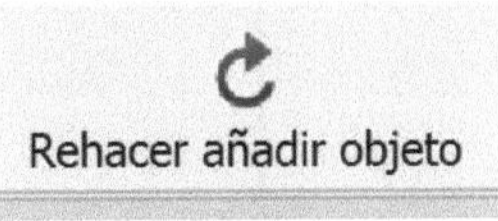

Rehace los pasos cancelados.

También se puede utilizar el atajo Ctrl / Shift / Z.

HERRAMIENTAS DE VALENTINA.

Figura 35
Herramientas del programa Valentina.

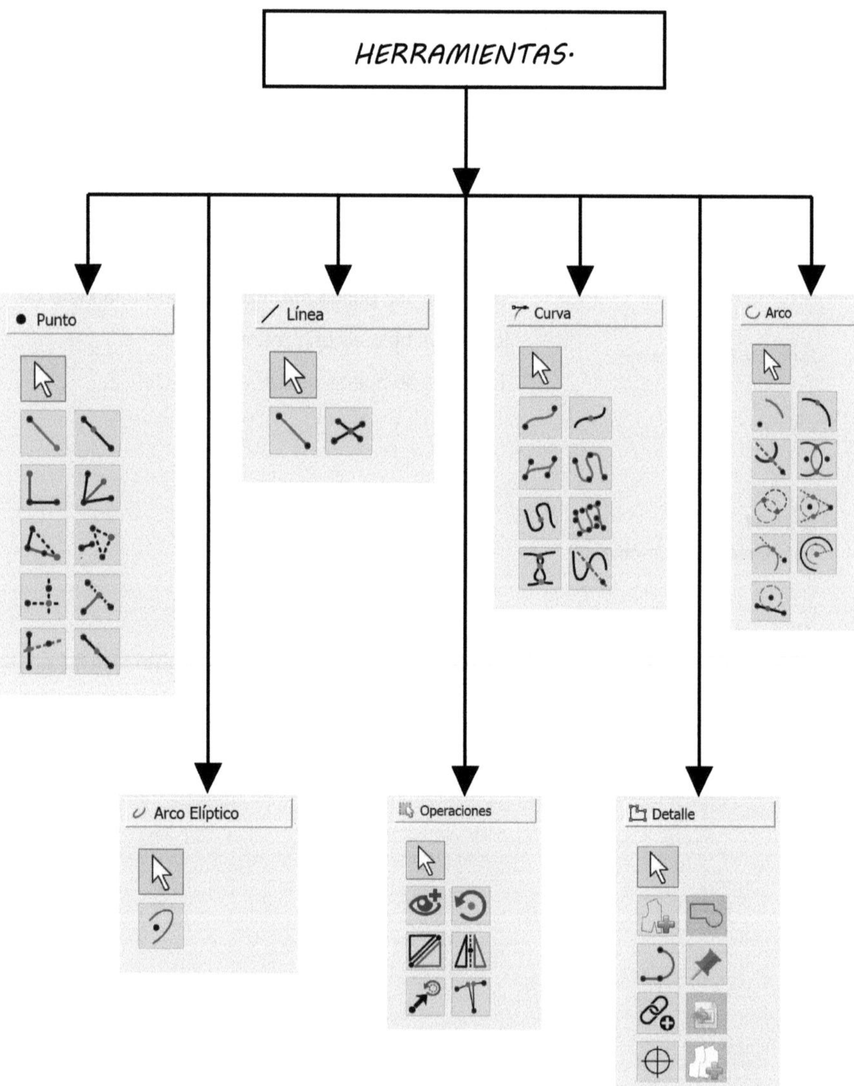

PUNTO.

Tabla 1

Herramientas de punto.

HERRAMIENTA.	DESCRIPCIÓN.	COMO UTILIZARLA.
Puntero.	Utilizado para apuntar y seleccionar objetos, íconos, botones y otros elementos interactivos en la pantalla.	Con el puntero se debe hacer clic en la herramienta, nodo, línea, curva o cualquier parte que se desee para seleccionarlo o se debe hacer clic nuevamente en el puntero para anular la selección.
Punto de distancia y ángulo.	Sirve para crear un nuevo nodo y una distancia desde un nodo anteriormente creado.	Con la herramienta se debe dar clic en un nodo, luego se direcciona hacia donde se necesita el nuevo nodo (si se necesita una línea totalmente recta se puede ayudar del shift sostenido) y se vuelve a hacer clic para crear el nodo y finalmente se aplica la medida que se necesite.
Punto de distancia a lo largo de una línea.	Se utiliza para crear un nodo sobre una línea conformada entre dos puntos.	Se debe hacer clic en los dos nodos que conforman la línea, seguido nuevamente clic para que se sitúe el nuevo nodo y se introduce la distancia que se desee.

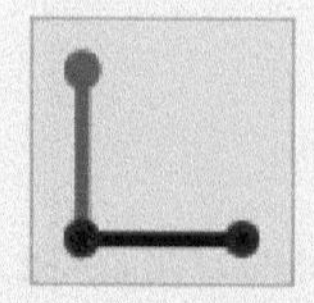

Punto a lo largo de la perpendicular.

Utilizado para crear un nodo en ángulo de una línea.

Seleccionar primero el nodo en el que se va a formar el ángulo, seguido del nodo de referencia e introducir la medida.

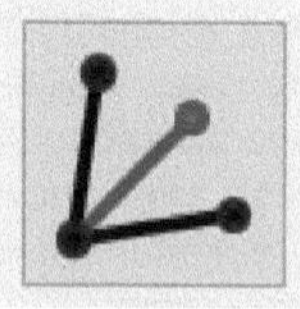

Punto a lo largo de la bisectriz.

Se utiliza para crear un nodo desde el vértice de un ángulo.

Se debe presionar los nodos (3) recordando que el segundo es donde la línea se ubica, seguido se a plica la medida.

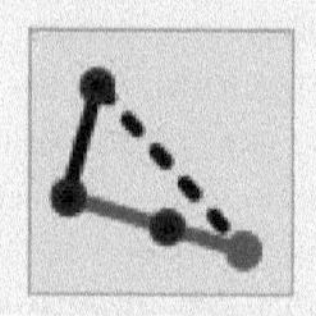

Punto especial en el hombro.

Se utiliza para crear un nodo a lo largo de una línea a una distancia desde un nodo de eje.

Marcar el primer nodo al comienzo de la línea y luego el segundo nodo al final, se debe presionar el nodo de eje y pulsar "enter", finalmente se introduce la distancia.

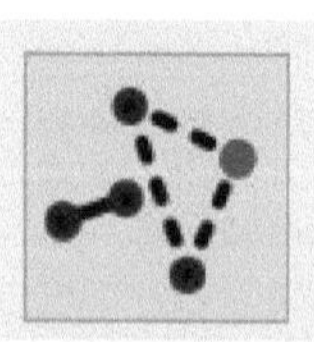

Herramienta triangulo.

Se utiliza para crear un nodo en el vértice de un triángulo.

Seleccionar el primer y segundo nodo de la primera línea del eje y luego el primer y segundo punto de la segunda línea. Un nodo se colocará para completar un triángulo a lo largo de la primera línea de eje.

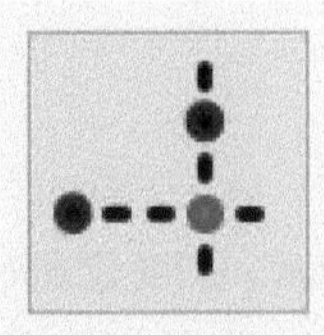

Punto de X e Y de los otros dos puntos.

Utilizada para colocar un nodo en el vértice de dos líneas que se cruzarían.

Seleccionar un nodo colocado verticalmente y después de uno horizontalmente. Un nodo será colocado en la intersección.

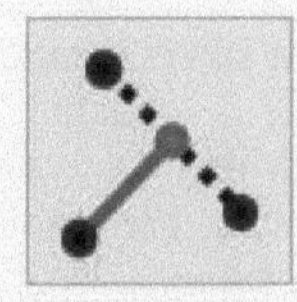

Punto perpendicular a lo largo de la línea.

Se utiliza para colocar un nodo en un 90° ángulo desde un nodo a lo largo de una línea.

Presionar el nodo base y luego presionar en el primer y segundo nodo de una línea por la que se desea colocar el nodo.

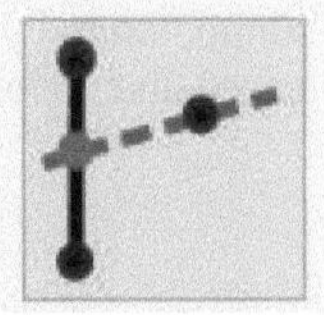

Punto de intersección de línea y eje.

Se utiliza para colocar un nodo en un ángulo a un nodo de eje a lo largo de una línea.

Marcar el primer y segundo nodo de la línea seguido del nodo eje, arrastrar alrededor en la dirección general en la que se desea colocar el nodo y presionar clic.

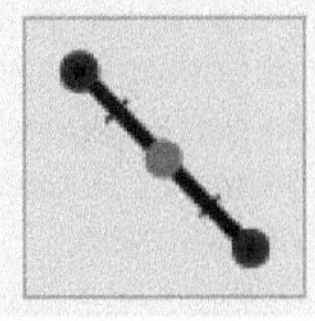

Punto intermedio entre dos puntos.

Utilizada para crear un nodo en el punto medio entre dos puntos.

Seleccionar el primer y segundo nodo y presionar "ok".

LÍNEA.

Tabla 2

Herramientas de línea.

HERRAMIENTA.	DESCRIPCIÓN.	COMO UTILIZARLA.
Herramienta puntero.	Utilizada para señalar en una herramienta, nodo, línea, curva o cualquier parte.	Con el puntero se debe hacer clic en la herramienta, nodo, línea, curva o cualquier parte que se desee para seleccionarlo o se debe hacer clic nuevamente en el puntero para anular la selección.
Línea entre puntos.	Se utiliza para colocar una línea entre dos nodos.	Seleccionar el primer y segundo nodo y se colocará una línea.
Punto de intersección en línea.	Se utiliza para colocar un nodo en la intersección de dos líneas.	Marcar el primer y segundo nodo de la primera línea y luego en el primer y segundo nodo de la segunda, un nodo será colocado en la intersección.

CURVA.

Tabla 3

Herramientas de curva.

HERRAMIENTA.	DESCRIPCIÓN.	COMO UTILIZARLA.
Herramienta puntero.	Utilizada para señalar en una herramienta, nodo, línea, curva o cualquier parte.	Con el puntero se debe hacer clic en la herramienta, nodo, línea, curva o cualquier parte que se desee para seleccionarlo o se debe hacer clic nuevamente en el puntero para anular la selección.
Curva simple.	Sirve para crear una curva entre dos nodos.	Se debe seleccionar el primer y segundo nodo y se colocará una línea curva. Se puede arrastrar las asas para forma la curva que se desee.
Segmentación de curva simple.	Utilizada para crear un nodo en una curva.	Marcar la curva y presionar clic para que se sitúe el nodo e introducir la distancia (o una fórmula).
Herramienta curva que utiliza el punto como control de manejo.	Se utiliza para crear una curva entre dos nodos que utiliza otros nodos para anclar las manijas de control.	Hacer clic en el primer nodo, entonces el primer nodo de la manija de control, a continuación, en el segundo nodo palanca de control y luego en el nodo final.

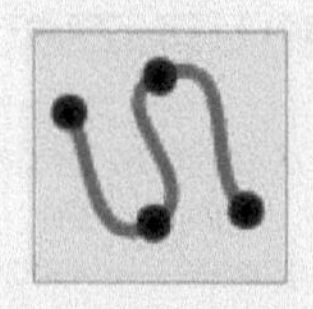

Trazo curvado.

Se utiliza para crear una curva que pasa a través de múltiples nodos.

Se debe hacer clic en cada nodo requerido y pulsar "enter" cuando se haya terminado. Se puede arrastrar las asas para modificar la curva como se necesite.

Segmento de un trazo curvo.

Se utiliza para colocar nodos adicionales a lo largo de una curva.

Se debe seleccionar la trayectoria curva donde se va a añadir un nodo e introducir la distancia (o una fórmula).

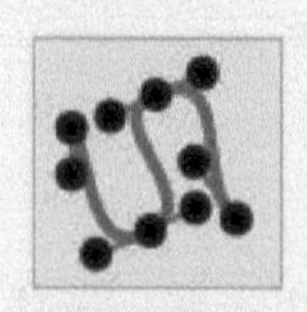

Herramienta de trayectoria curvada.

Utilizada para crear una trayectoria curva que pasa a través de múltiples nodos y utiliza tros nodos para anclar las manijas de control.

Marcar el primer nodo, entonces el primer nodo de la manija de control, a continuación, en el segundo nodo palanca de control y luego en el siguiente nodo.
Seguir con el proceso hasta el último nodo y presionar enter para completar la curva.

Punto de intersección de curvas.

Sirve para crear nodos en la intersección de las curvas.

Señalar la primera curva y luego la segunda. Un nodo se colocará donde se cruzan las dos curvas.

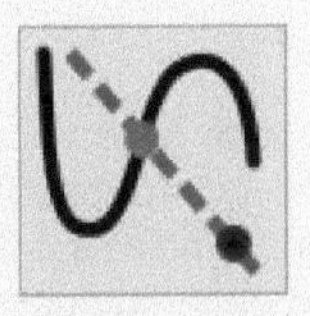

Punto de intersección de la curva y el eje.

Crea un nodo a lo largo de una curva en un ángulo desde un nodo de eje.

Seleccionar la curva y entonces el nodo eje. Introducir el ángulo (o una fórmula) desde el nodo eje donde desea colocar un nodo.

ARCO.

Tabla 4

Herramientas de arco.

HERRAMIENTA.	DESCRIPCIÓN.	COMO UTILIZARLA.
Herramienta puntero.	Utilizada para señalar en una herramienta, nodo, línea, curva o cualquier parte.	Con el puntero se debe hacer clic en la herramienta, nodo, línea, curva o cualquier parte que se desee para seleccionarlo o se debe hacer clic nuevamente en el puntero para anular la selección.
Arco.	Sirve para crear un arco a una distancia desde un nodo de eje.	Se debe hacer clic en el nodo eje, introducir el radio (o una distancia), ingresar el ángulo de inicio (o una fórmula) y el ángulo final desde el nodo de eje y presionar "ok".

Segmento de un arco.

Se utiliza para colocar un nodo en un arco.

Seleccionar el arco y aplicar la distancia (o una fórmula) desde el inicio del arco donde se desea colocar un nodo.

Punto de intersección del arco y el eje.

Coloca un nodo en un arco.

Marcar el arco y luego en un nodo de eje, mover hacia la ubicación deseada y presionar clic. Luego se puede editar el ángulo o introducir una fórmula para conseguir la colocación precisa del nodo.

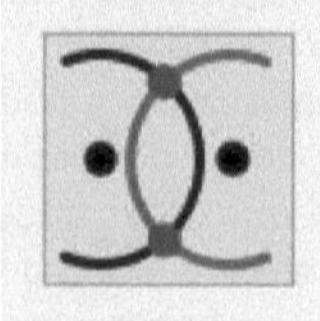

Punto de intersección de arcos.

Sirve para crear un nodo en la intersección de dos arcos.

Presionar el primer arco y luego el segundo arco, un nodo se creará en el que se cruzan, es posible elegir entre el primer o segundo punto de intersección si hay dos lugares en los que se cruzan.

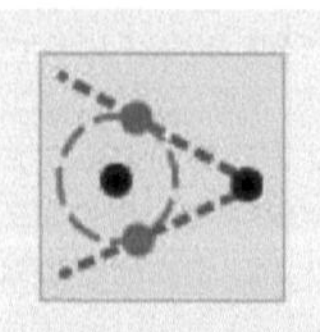

Punto desde un circulo y tangente.

Crea un nodo en una línea que toca el círculo.

Presionar el nodo eje y luego el centro del círculo, introducir el radio del círculo.

Punto de intersección de círculos.

Utilizada para crear un nodo en la intersección de dos círculos.

Seleccionar el nodo en el centro del primer círculo y entonces el nodo en el centro del segundo círculo, introducir los diámetros de los dos círculos y seleccionar si desea tomar el primer o segundo punto.

Punto desde un arco y tangente.

Sirve para crear un nodo en un arco en una línea que toca el arco.

Marcar el nodo eje y luego el arco, se puede elegir entre el primer o segundo punto de intersección.

Arco con una longitud dada.

Se utiliza para crear un arco en la línea del arco.

Se debe hacer clic en el nodo eje, introducir el radio (o una distancia), ingresar el ángulo de inicio (o una fórmula) y el ángulo final desde el nodo de eje y presionar "ok".

ARCO ELÍPTICO.

Tabla 5

Herramientas de arco elíptico.

HERRAMIENTA.	DESCRIPCIÓN.	COMO UTILIZARLA.
Herramienta puntero.	Utilizada para señalar en una herramienta, nodo, línea, curva o cualquier parte.	Con el puntero se debe hacer clic en la herramienta, nodo, línea, curva o cualquier parte que se desee para seleccionarlo o se debe hacer clic nuevamente en el puntero para anular la selección.
Arco elíptico.	Crea un arco elíptico.	Seleccionar el nodo central para la elipse e introducir primero y segundo radio, ingresar el ángulo para comenzar y terminar la elipse y entonces el ángulo desde el cual para iniciar la rotación.

OPERACIONES.

Tabla 6

Herramientas de operaciones.

HERRAMIENTA.	DESCRIPCIÓN.	COMO UTILIZARLA.
Herramienta puntero.	Utilizada para señalar en una herramienta, nodo, línea, curva o cualquier parte.	Con el puntero se debe hacer clic en la herramienta, nodo, línea, curva o cualquier parte que se desee para seleccionarlo o se debe hacer clic nuevamente en el puntero para anular la selección.
Grupo de visibilidad.	Crea grupos que pueden activarse entre visible y oculto.	Seleccionar la primera línea o nodo y con "Ctrl" sostenido marcar todos los demás elementos que deberán incluirse en el grupo (o arrastrar sobre todos los elementos), presionar "enter" cuando se haya terminado para completar la selección. Se debe dar un nombre al grupo y hacer clic en "ok", presionar en el ojo delante del nombre del grupo para cambiar entre grupo visible u oculto.

Rotar objetos.

Sirve para duplicar y rotar los objetos.

Se debe presionar el primer punto o curva y con "Ctrl" sostenido seleccionar todos los demás elementos que se incluirán en la rotación (o arrastre sobre todos los elementos), presionar "enter" cuando se haya terminado para completar la selección. Presionar el nodo en torno al cual se girarán los artículos, arrastrar la selección alrededor hasta que estén en la dirección general en la que se desea.

Objetos volteados por línea.

Uilizada para reflejar objetos de un lado de una línea a la otra.

Se debe presionar el primer punto o curva y con "Ctrl" sostenido seleccionar todos los demás elementos que se incluirán en el reflejo (o arrastre sobre todos los elementos), presionar "enter" cuando se haya terminado para completar la selección. Presionar el primer y segundo nodo de la línea y hacer clic en "ok" para completar.

Objetos volteados por eje.

Se utiliza para reflejar objetos de un lado de un eje a otro.

Se debe presionar el primer punto o curva y con "Ctrl" sostenido seleccionar todos los demás elementos que se incluirán en el reflejo (o arrastre sobre todos los elementos), presionar "enter" cuando se haya terminado para completar la selección. Presionar el nodo eje y se debe hacer clic en "ok" para completar.

Mover objetos.

Utilizada para duplicar y mover objetos a una parte diferente del área de dibujo.

Se debe presionar el primer punto o curva y con "Ctrl" sostenido seleccionar todos los demás elementos que se incluirán en el movimiento (o arrastre sobre todos los elementos), presionar "enter" cuando se haya terminado para completar la selección. Arrastrar la selección en torno al lugar donde se desea colocarlos y hacer clic en "ok" para completar.

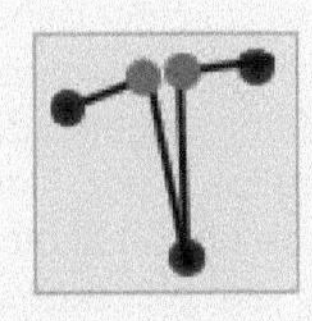

Pinzas verdaderas.

Crea pinzas.

Hacer clic en el primer y segundo nodo de la línea de base y los tres nodos de la pinza. Dibujar nuevas líneas que conecten los nodos nuevos.

DETALLE.

Tabla 7

Herramientas de detalle.

HERRAMIENTA.	DESCRIPCIÓN.	COMO UTILIZARLA.
Herramienta puntero.	Utilizada para señalar en una herramienta, nodo, línea, curva o cualquier parte.	Con el puntero se debe hacer clic en la herramienta, nodo, línea, curva o cualquier parte que se desee para seleccionarlo o se debe hacer clic nuevamente en el puntero para anular la selección.
Herramienta pieza de trabajo.	Separar piezas del patrón.	Hacer clic en cada nodo y curvas que rodea la pieza del patrón (líneas no necesitan ser incluidas), presionar "enter" para completar la pieza del patrón y hacer clic en "ok" para completar. Dirigirse a la pestaña "piece" para agregar un nombre a la pieza.
Herramienta de unión.	Se utiliza para unir dos piezas del patrón para formar una sola pieza.	Esta herramienta sólo está disponible para su uso en la pestaña "Detalles". Se debe hacer clic en la primera pieza a unir seguido de los puntos por los cuales se unirán al otro patrón, se procede a hacer lo mismo con la segunda pieza para finalizar su unión.

Herramienta de ruta interna.

Utilizada para crear marcas en la pieza del patrón.

Dentro del patrón seleccionar los nodos y las curvas que se requiera, presionar "Enter" darle un nombre al detalle copiado y en la opción "Pieza" seleccionar en que pieza se va a agregar el detalle copiado, hacer clic en "Ok" para completar.

Herramienta de anclaje.

Se utiliza para fijar las etiquetas y líneas de grano en un área específica de la pieza de patrón.

Seleccionar un nodo y la pieza de patrón, editar la pieza patrón en la pestaña "Detalles".

Insertar herramienta nodo.

Se utiliza para insertar nodos que o bien han sido olvidados o añadidos después de la creación de la pieza de patrón.

Señalar el nodo o curva y la pieza de patrón, editar la pieza patrón en la pestaña "Detalles".

CAPÍTULO 3. PRÁCTICA.

Para iniciar el trabajo de patronaje se debe ingresar el cuadro de medidas que se vaya a utilizar, se recomienda ingresar todas las medidas que se necesite para las diversas prendas que se desarrollarán, es importante recordar que no se necesita ingresar las medidas cada que se utilice el programa ya que con hacerlo solo una vez funciona debido a que quedará guardado y esas medidas podrán ser utilizadas para el patronaje de diversas prendas, eso sí, se debe reconocer con que público objetivo se estará trabajando de eso depende que cuadro de talla se deberá ingresar.

También es importante observar el cuadro de tallas y revisar las diferencias de medida entre talla y talla (valor de conversión) para de esa manera trabajar únicamente con tallas que tengan la misma cantidad de crecimiento y que no haya errores al momento de imprimir.

Para ejercicios se podrá utilizar el siguiente cuadro de tallas o cualquier cuadro que se desee.

Figura 36

Cuadro de tallas femeninas.

MEDIDAS	6	8	10	12	14	16	18
Contorno de Busto	84	88	92	96	100	106	112
Contorno de Cintura	60	64	68	72	76	82	88
Contorno de Cadera	88	92	96	100	104	110	116
Ancho de Espalda	33	34	35	36	37	38.5	40
Ancho de Pecho	31	32	33	34	35	36.5	38
Talle Frente	43.5	44	44.5	45	45.5	46.25	47
Talle Atrás	41.5	42	42.5	43	43.5	44.25	45
Centro Frente	36.5	36.75	37	37.25	37.5	37.875	38.25
Centro Atrás	39.5	40	40.5	41	41.5	42.25	43
Costado	18.75	19	19.25	19.5	19.75	20.125	20.50
Hombro	11.5	11.75	12	12.25	12.5	12.875	13.25
Contorno de Cuello	33	34.5	36	37.5	39	41.25	43.5
Cuello Delantero	20	21	22	23	24	25.5	27
Cuello Espalda	13	13.5	14	14.5	15	15.75	16.5
Largo de Manga	59	59.5	60	60.5	61	61.75	62.5
Largo int. de Manga	45.5	45.75	46	46.25	46.5	46.875	47.25
Largo de Blusa	61	61.5	62	62.5	63	63.75	64.5
Largo de Falda	59	59.5	60	60.5	61	61.75	62.5
Altura de Cadera	17.5	17.75	18	18.25	18.5	18.875	19.25
Largo de Pantalón	103	104	105	106	107	108.5	110
Tiro	24	25	26	27	28	29.5	31
Rodilla	19	19.5	20	20.5	21	21.75	22.5
Bota	17	17.5	18	18.5	19	19.75	20.5
Largo de Bata	100.5	101.5	102.5	103.5	104.5	106	107.5
Largo de Chaqueta	60	60.5	61	61.5	62	62.75	63.5
Largo de Capa	60	60.5	61	61.5	62	62.75	63.5
Largo de Abrigo	105	105. 5	106	106.5	107	107.75	108.5
Separación de busto	17	17.5	18	18.5	19	19.75	20.5
Altura de busto	25.5	25.75	26	26.25	26.5	26.75	27

Nota. De Pinterest, S.F. https://www.pinterest.es/pin/386957792977387223/

Acceso al programa Tape.

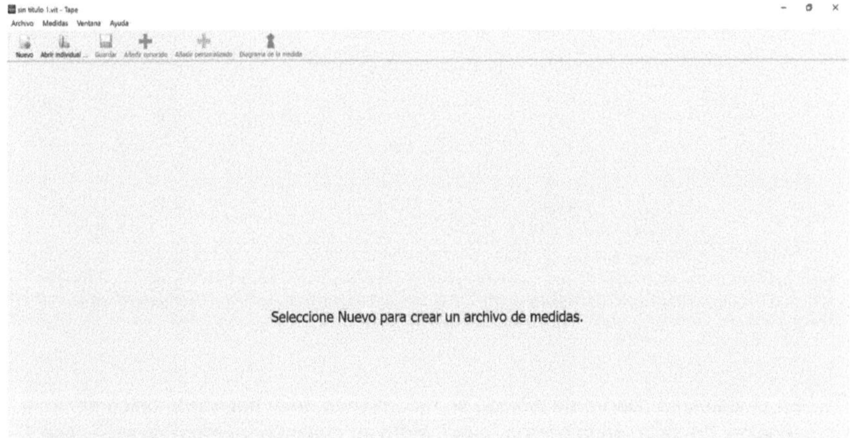

Abrir el programa "Tape".

Crear nuevo archivo.

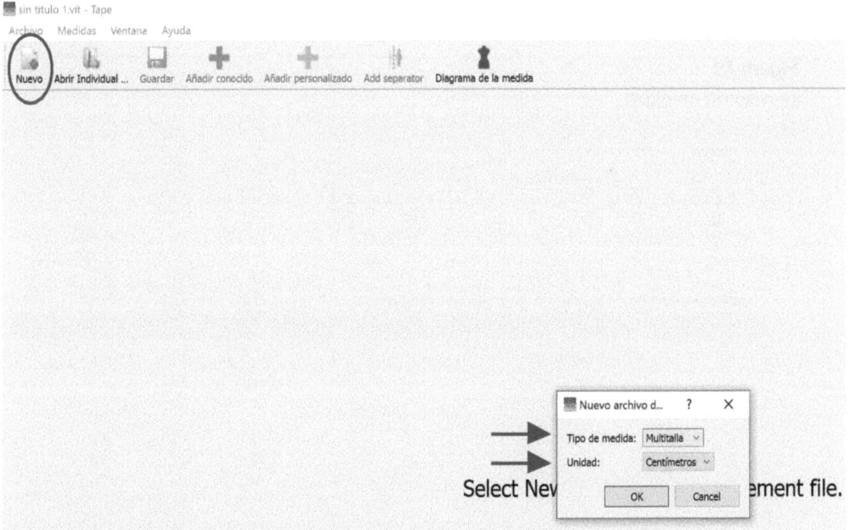

Se deberá seleccionar "Nuevo" y seguido a ello se abrirá el siguiente cuadro de diálogo en el que deberá escoger el "Tipo de medida" puede ser individual o multitalla en la mayoría de los casos se va a utilizar multitalla debido a que uno de los factores más importantes del patronaje digital es el agilizar tiempo por ende se trabaja mayormente con cuadro de tallas.

También se debe verificar que la "unidad de medida" seleccionada sea centímetros, seguido a eso presionar "ok".

Figura 39

Configuración medidas multitallas.

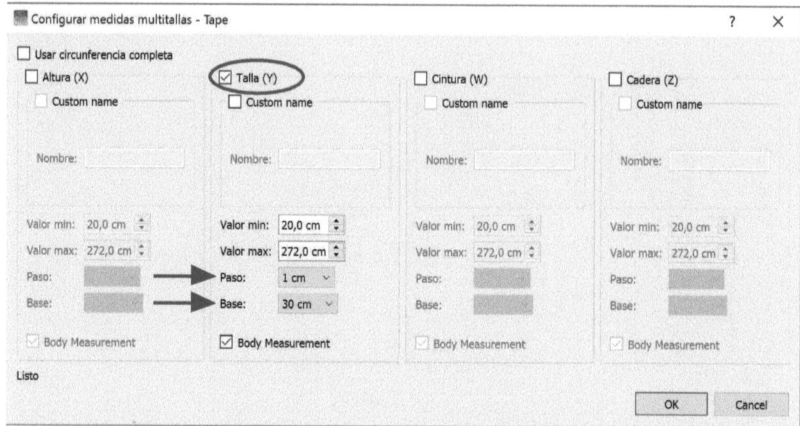

En el siguiente cuadro de diálogo se recomienda dejar habilitado únicamente la sección de talla, en la opción "paso" ingresar cualquier número en este caso 1 y en "base" se debe seleccionar una medida que represente la talla base que se va a ingresar, seguido a eso presionar "ok".

Nota: Es importante no olvidar el valor base ingresado y cuál es la talla a la que representa, de eso depende los siguientes números que simbolizan a todas las tallas que se pueden imprimir con este cuadro de medidas.

Figura 40

Ingreso de medidas.

Presionar la opción "añadir personalizado" y se creará la primera medida. Verificar que siempre en la opción "Unidades" este seleccionado centímetros, en la alternativa "Nombre" se deberá ingresar el nombre corto de la medida que se vaya a registrar. En "Valor base" se debe ingresar la medida completa. En "Cambio talla" se debe ingresar la diferencia de medida que tienen entre una talla y otra (Valor de conversión). Y finalmente en "Nombre completo" se incluye en nombre completo de la medida ingresada.

Cada vez que se quiera agregar una nueva medida se realizará el mismo proceso hasta finalizar con todas las medidas requeridas.

Figura 41

Carga completa de medidas.

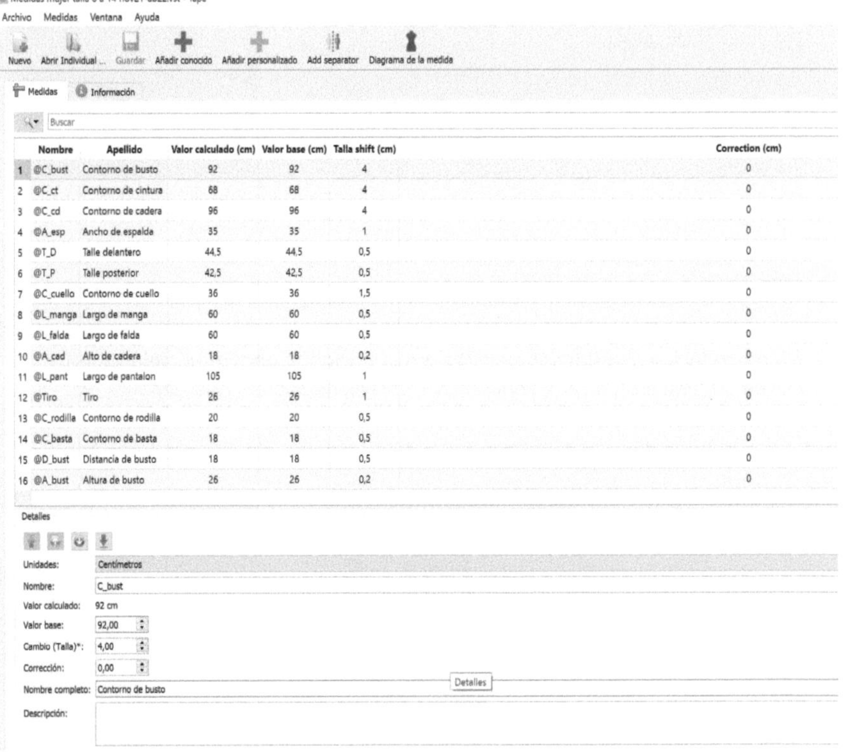

	Nombre	Apellido	Valor calculado (cm)	Valor base (cm)	Talla shift (cm)	Correction (cm)
1	@C_bust	Contorno de busto	92	92	4	0
2	@C_ct	Contorno de cintura	68	68	4	0
3	@C_cd	Contorno de cadera	96	96	4	0
4	@A_esp	Ancho de espalda	35	35	1	0
5	@T_D	Talle delantero	44,5	44,5	0,5	0
6	@T_P	Talle posterior	42,5	42,5	0,5	0
7	@C_cuello	Contorno de cuello	36	36	1,5	0
8	@L_manga	Largo de manga	60	60	0,5	0
9	@L_falda	Largo de falda	60	60	0,5	0
10	@A_cad	Alto de cadera	18	18	0,2	0
11	@L_pant	Largo de pantalon	105	105	1	0
12	@Tiro	Tiro	26	26	1	0
13	@C_rodilla	Contorno de rodilla	20	20	0,5	0
14	@C_basta	Contorno de basta	18	18	0,5	0
15	@D_bust	Distancia de busto	18	18	0,5	0
16	@A_bust	Altura de busto	26	26	0,2	0

Cuando se ingrese todas las medidas se visualizará de la siguiente manera.

Proceso para guardar archivo de medidas.

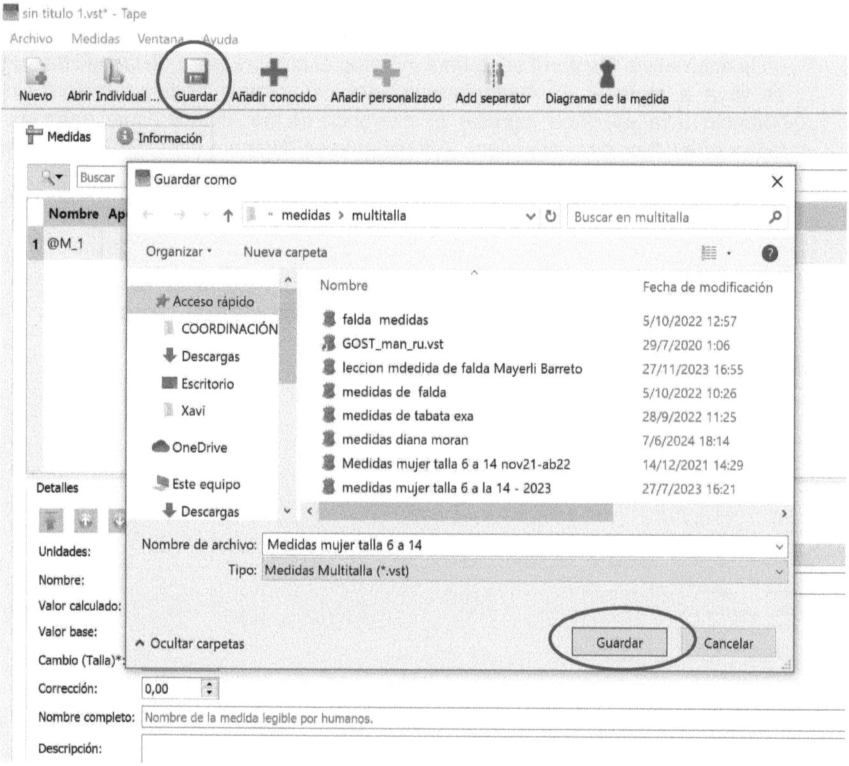

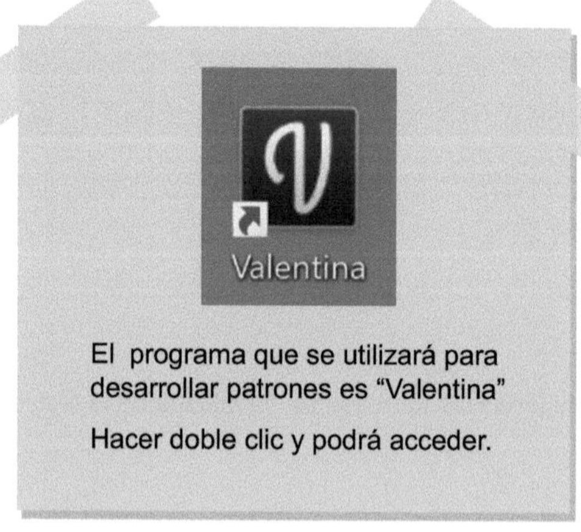

Se procederá a guardar las medidas, en la opción "Guardar" se selecciona donde se desee guardar y finalmente se presiona clic en "guardar".

Crear un nuevo patrón.

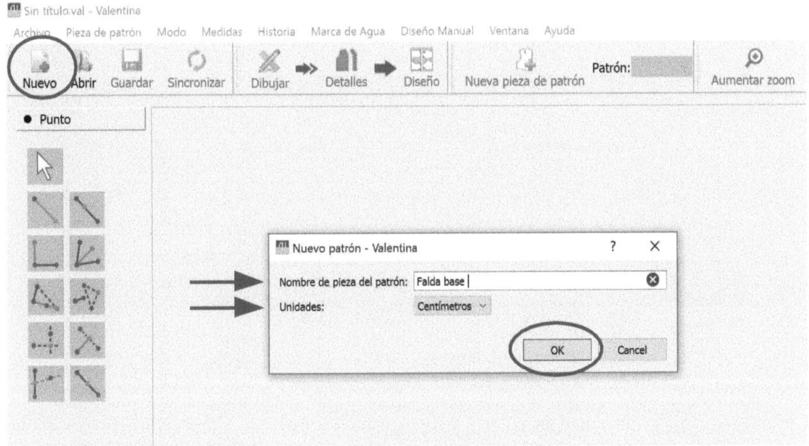

Para empezar el desarrollo de patrones se debe dar clic en la opción "Nuevo" seguido a eso se abre un cuadro de dialogo en el que se debe registrar el "Nombre de pieza de patrón" que se vaya a realizar, también se debe verificar que en "Unidades" siempre este seleccionado centímetros y presionar "ok".

Carga de cuadro de medidas con las que se va a patronar.

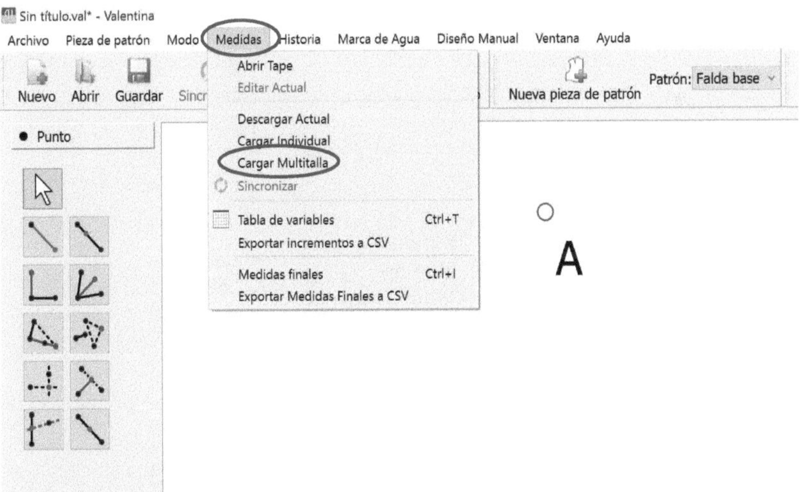

Se creará el primer punto en este caso denominado "A", antes de iniciar el patronaje se debe cargar las medidas con las que se va a trabajar, se ingresa en la pestaña "Medidas" luego "Cargar multitalla".

Figura 45

Apertura de cuadro de medidas con las que se va a patronar.

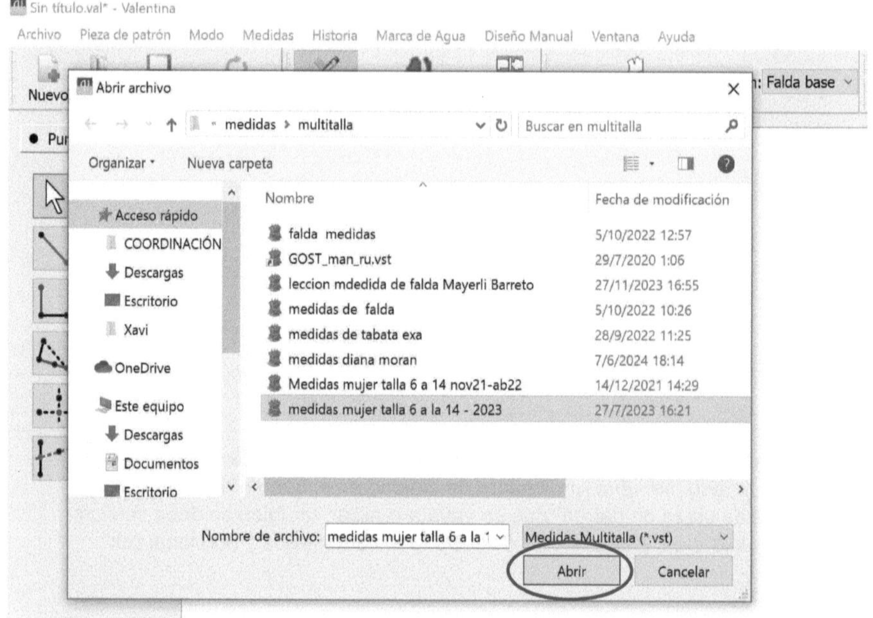

Se selecciona el cuadro de medida con el que se va a trabajar y se presiona clic en "Abrir".

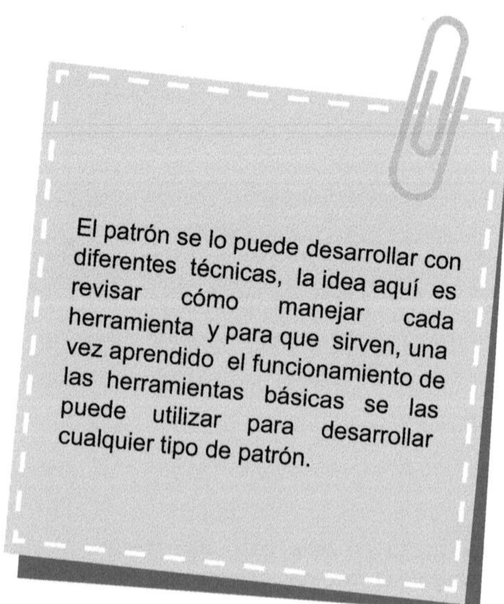

Figura 46

Utilización de la herramienta punto de distancia y ángulo.

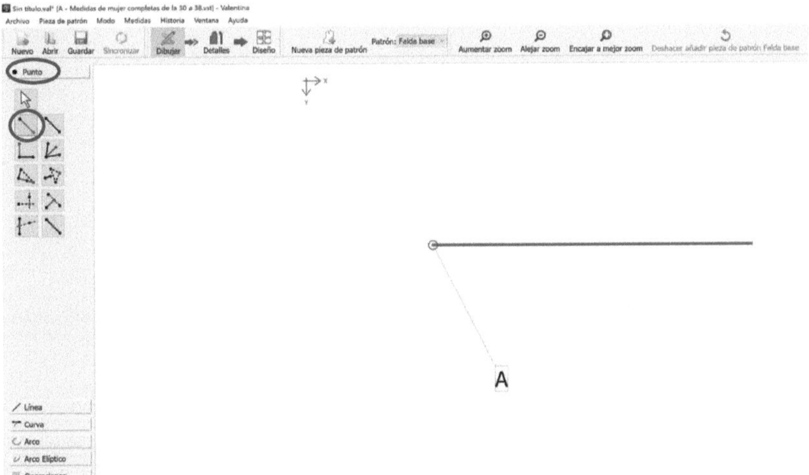

Para iniciar el patronaje se necesita de las herramientas de "Punto", seleccionar la herramienta "Punto de distancia y ángulo" que es la que sirve para agregar un punto tomando como referencia un punto antes creado, por ello con la herramienta seleccionada se marca el punto "A" y después de quedar sujeto se direcciona hacia donde se quiere crear el nuevo punto en este caso en sentido horizontal para formar la línea de cintura, presionando "Shift" para que la línea se mantenga recta y oprimir clic.

Figura 47

Búsqueda de la medida a utilizar.

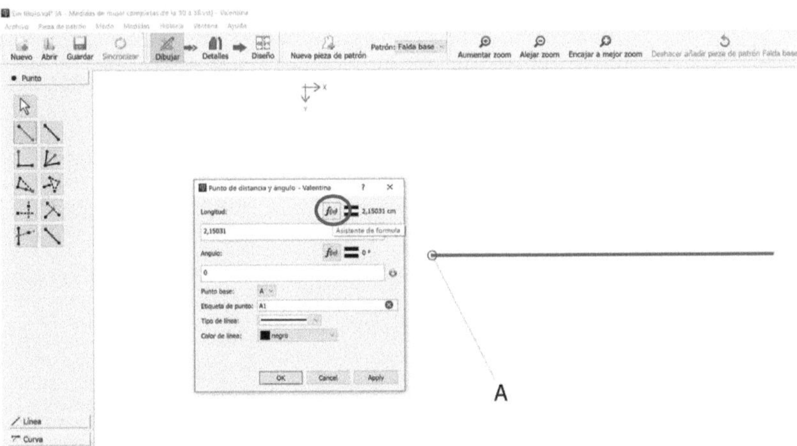

Al haber presionado clic se abre un cuadro de dialogo en el cual se deberá buscar la medida que se necesite aplicar, para ello se debe ingresar al "Asistente de fórmula"

Figura 48

Selección de medida a utilizar.

Se abrirá las medidas (si se llega a poner una cantidad de medida automática se debe borrar) y se seleccionará dando doble clic la que se necesite, en este caso como se desarrollará una falda se aplica la medida de cintura (se debe poner siempre la operación que se necesite suma, resta, división, etc.) dividido para 4 + 2 de pinza y se presiona clic en "ok".

Figura 49

Ingreso de medida a utilizar.

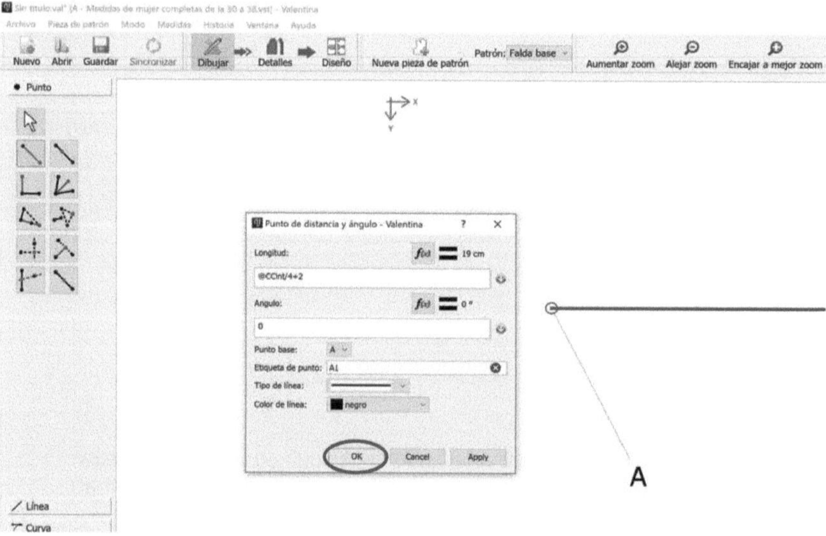

En longitud se puede verificar la medida que se aplicará y se presiona en "Ok"

Figura 50

Creación de nuevo punto.

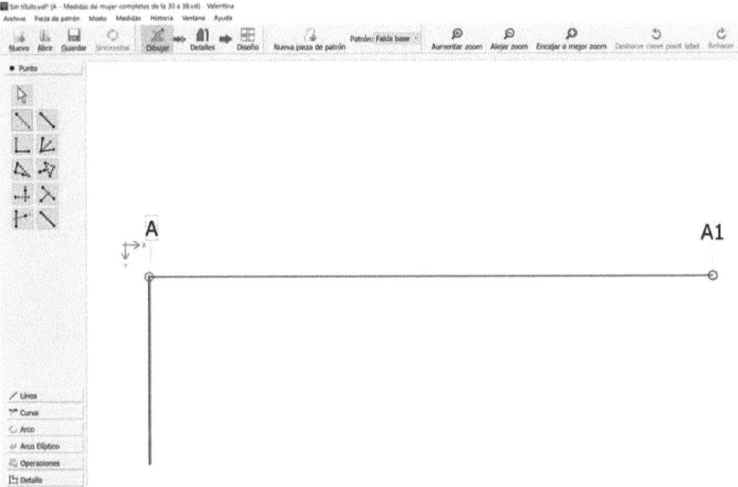

Se formó el punto "A1" con la medida anteriormente registrada, se procede ha hacer lo mismo en sentido vertical, con la misma herramienta desde el punto "A" para ingresar la medida de largo de falda.

Figura 51

Formación del ángulo base.

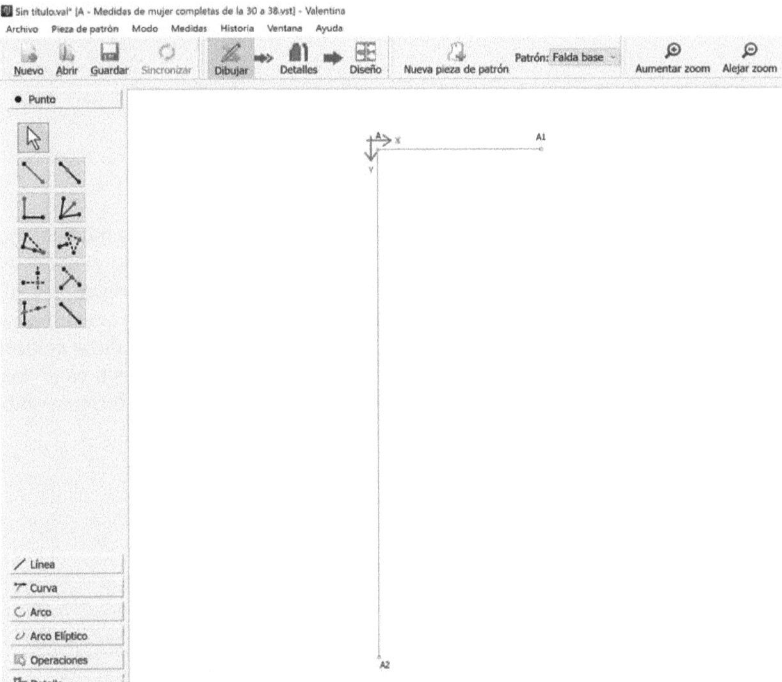

Se creó el punto "A2" y se formó el ángulo base.

Figura 52

Utilización de la herramienta punto de distancia a lo largo de la línea.

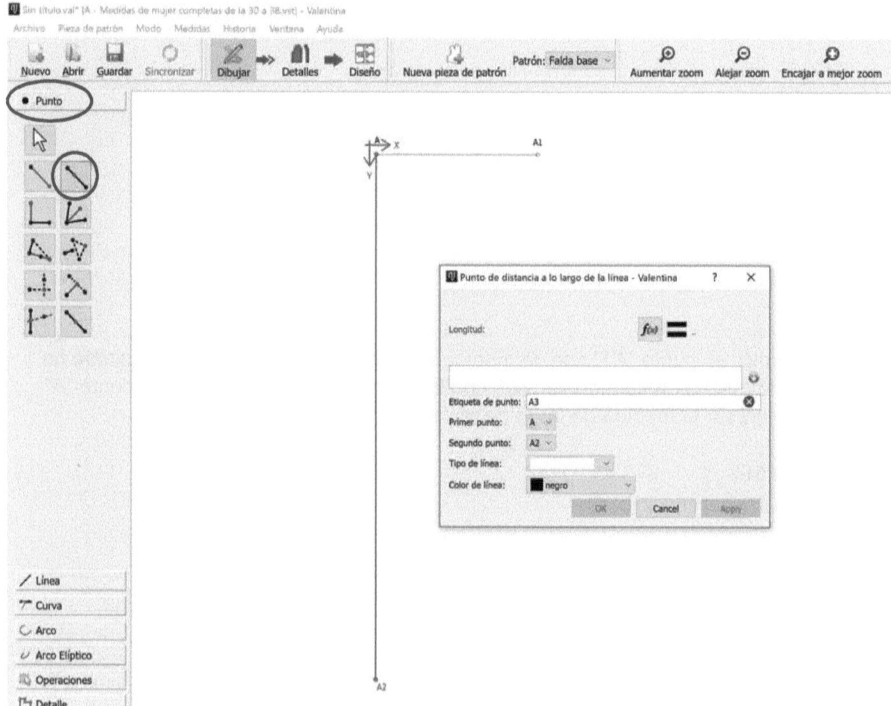

Una vez ya realizado el ángulo base se debe aplicar las demás medidas que se necesiten, en este caso la medida de alto de cadera para ello y reconociendo que ya se tiene la línea de largo de falda construida se debe utilizar una herramienta que permita agregar un punto sobre esa línea, la herramienta que se utilizará es "Punto de distancia a lo largo de la línea" se debe seleccionar desde que punto se iniciará a medir hasta que punto, en este caso desde el punto "A" hacia el punto "A2", se debe ingresar al asistente de formula se busca la medida y se presiona "ok".

Figura 53

Creación de nuevo punto.

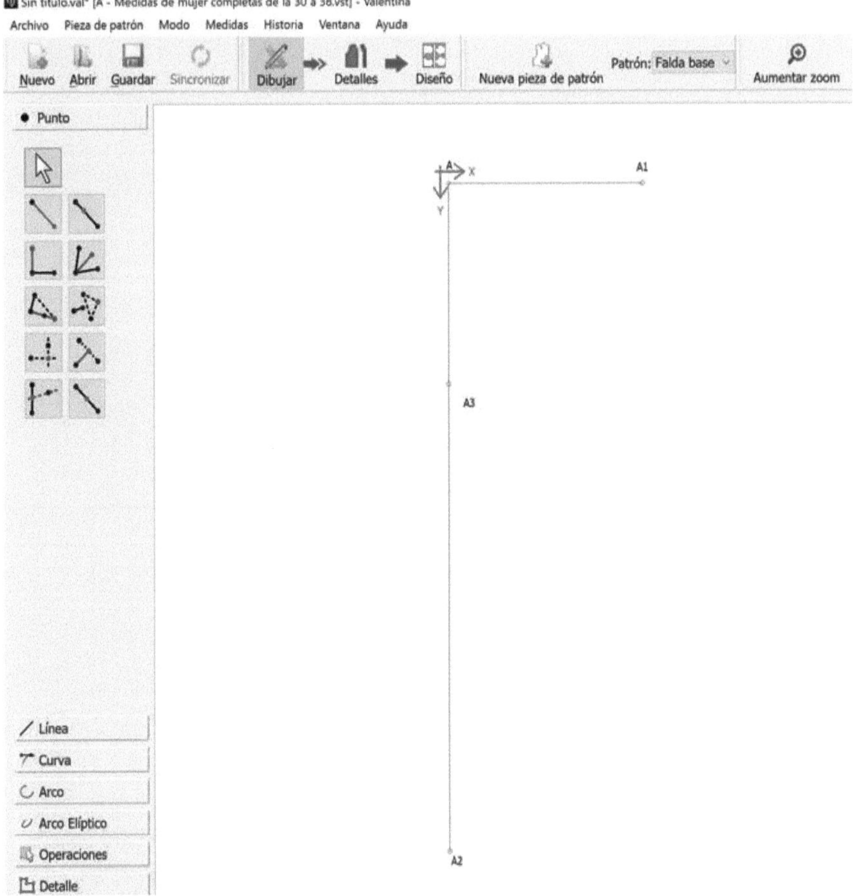

De esa manera se formará el punto "A3" que representa al punto de alto de cadera.

Figura 54

Proceso para crear nuevo punto.

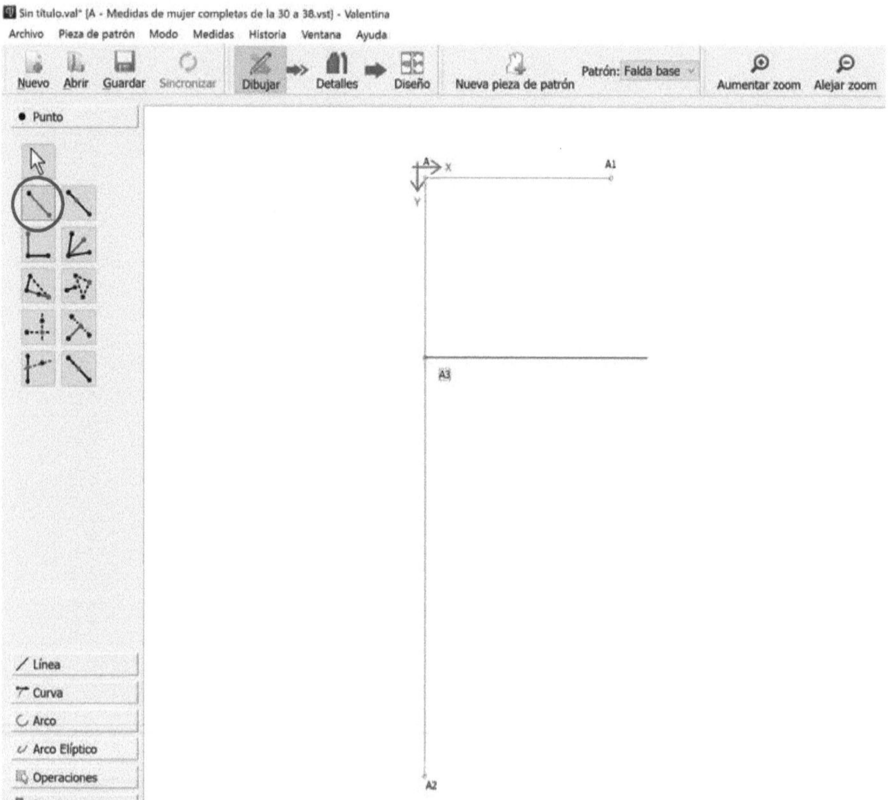

Sobre el punto "A3" que representa el punto de alto de cadera se deberá aplicar la medida de contorno de cadera, con la herramienta "Punto de distancia y ángulo" se selecciona el punto de cadera "A3" direccionando en sentido horizontal para formar la línea de contorno de cadera, presionando"Shift" para que la línea se mantenga recta y se procede a presionar clic.

Figura 55

Creación de nuevo punto.

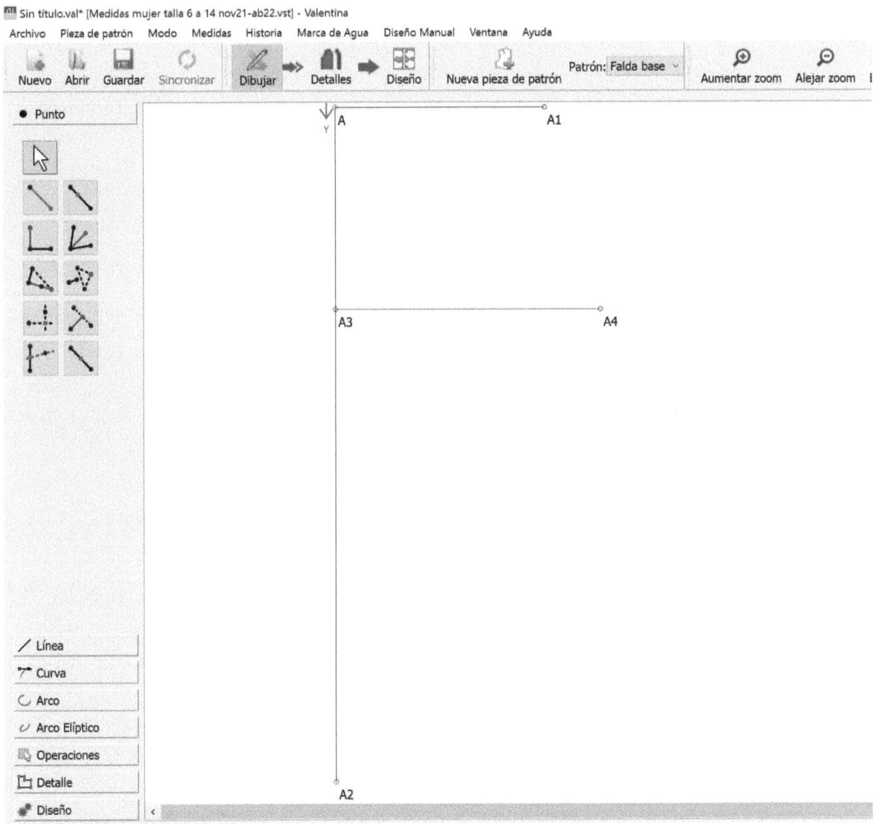

Se ingresa al "asistente de formula" y se aplica la medida de contorno de cadera dividido para 4, se acepta y se habrá creado el punto "A4"

En el punto "A2" se debe aplicar la misma medida de contorno de cadera para formar una falda recta, se puede desarrollar con la misma herramienta de "Punto de distancia y ángulo"

Utilización de la herramienta punto de X e Y.

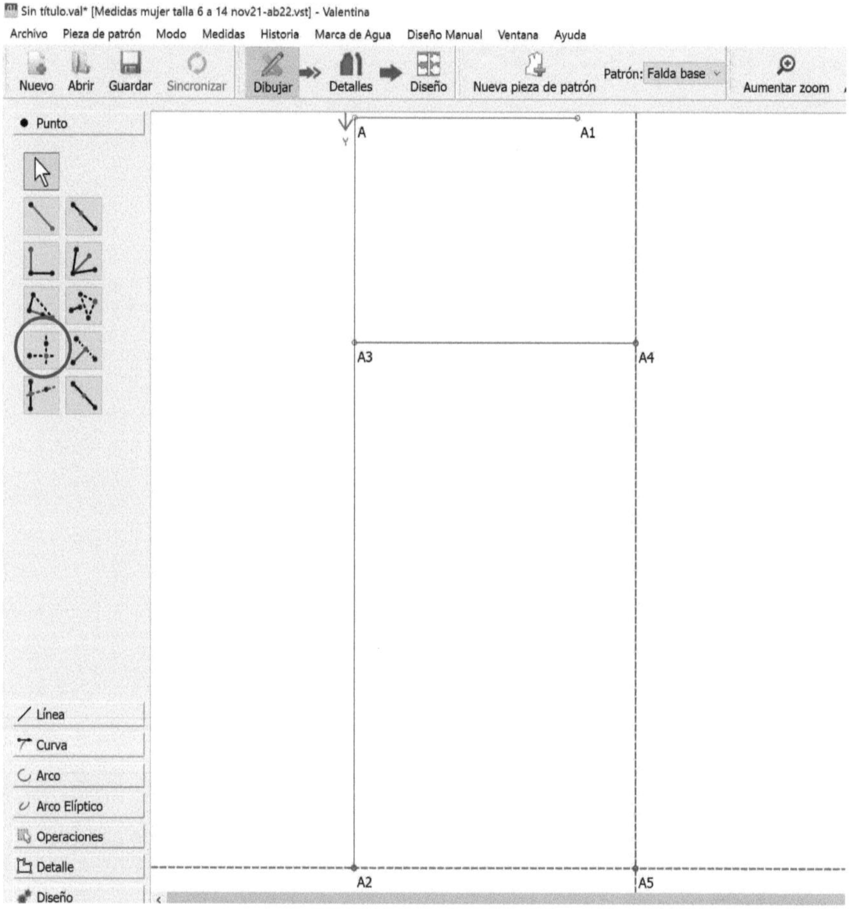

También se puede utilizar otra herramienta de la sección de punto, la herramienta "Punto de X e Y" que es la que ayuda a formar un nuevo punto en el vértice de dos puntos anteriormente seleccionados, se marca el punto "A4" y "A2", creando así el punto "A5"

Figura 57

Unión de puntos con línea.

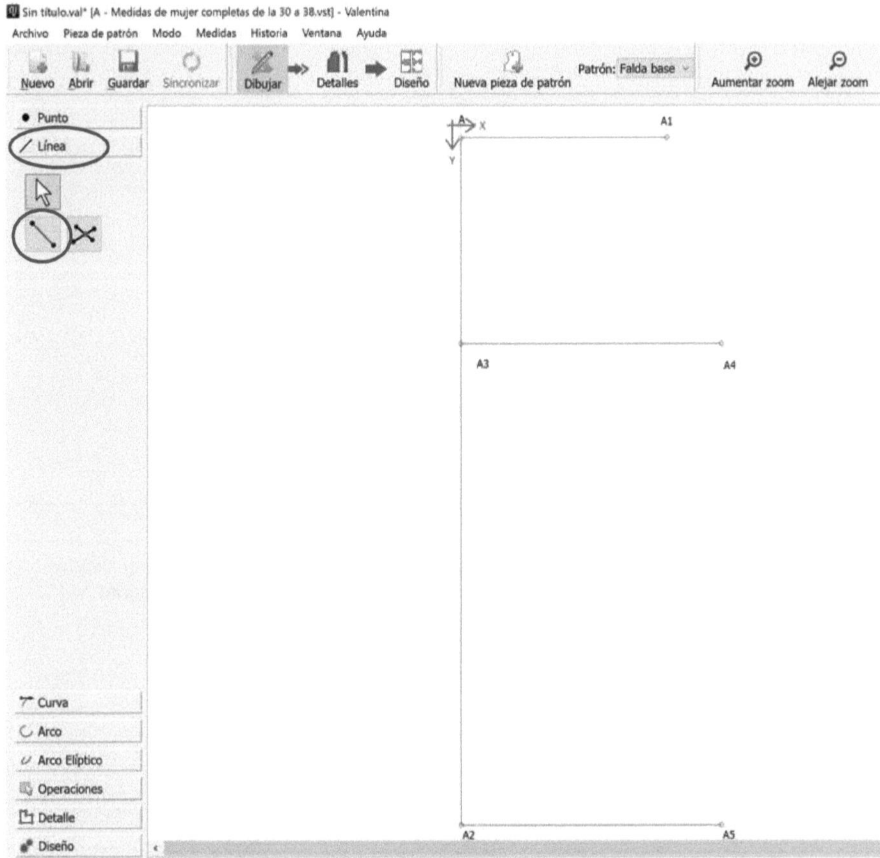

Dentro de las herramientas de "Línea" se encuentra la herramienta "Línea entre puntos", que sirve para unir con línea dos puntos anteriormente creados, se selecciona el punto "A2" seguido del "A5" y se unirá con una línea.

Figura 58

Unión de puntos con línea.

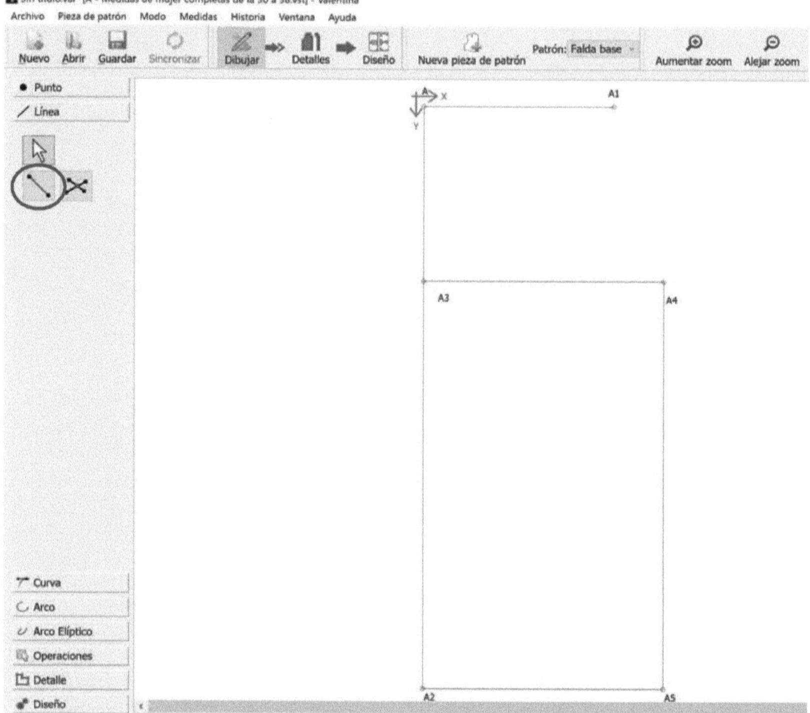

Con la misma herramienta "Línea entre puntos" se procede a unir el punto "A4" con el "A5"

Figura 59

Figura 59

Unión de puntos con curva.

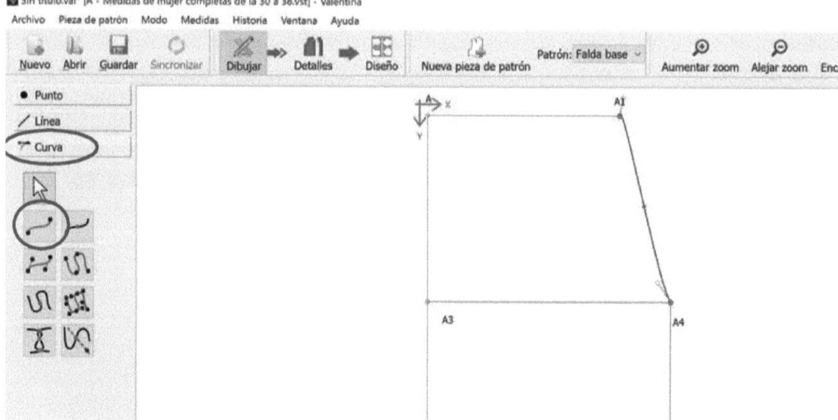

Para unir el costado de cadera se debe hacer uso de las herramientas de "Curva" y se selecciona la herramienta "Curva simple", con esta se marca el punto "A1" seguido del "A4" y se unirá con una línea semi curva.

Figura 60

Modificación de curva.

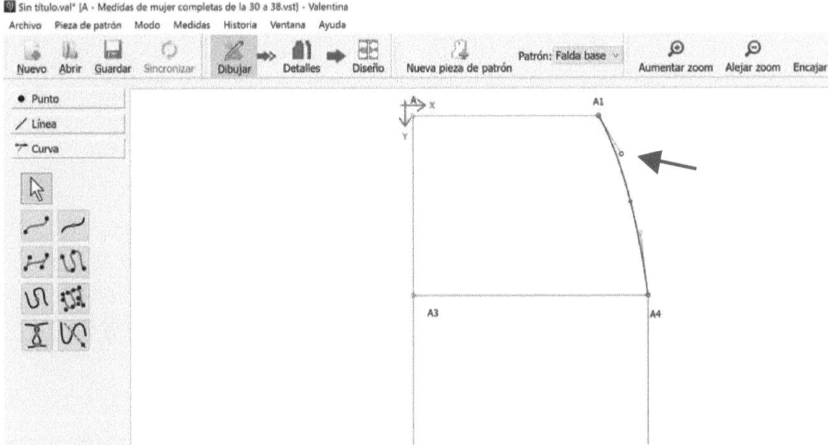

Para modificar las curvas y obtener la forma que se desea con el cursor se debe seleccionar la curva y se habilitarán palancas en cada uno de los puntos, mover las palancas hasta obtener la curva deseada.

Figura 61

Creación de nuevo punto.

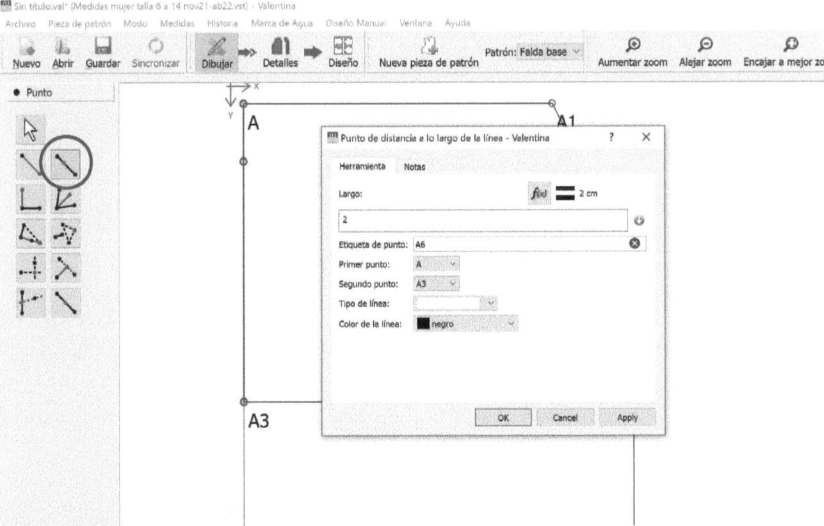

Para formar la caída de centro de cintura del delantero se debe utilizar la herramienta que permite ubicar un punto sobre una línea ya antes creada, en este caso la herramienta de "Punto de distancia a lo largo de la línea", se selecciona desde que punto se iniciará a medir hasta que punto, en este caso desde el punto "A" hacia el punto "A3", en esta ocasión no se debe ingresar al asistente de formula únicamente se ubicará de manera directa la medida que se quiere aplicar en este caso 2 cm y se presiona "Ok".

Figura 62

Unión de puntos con curva.

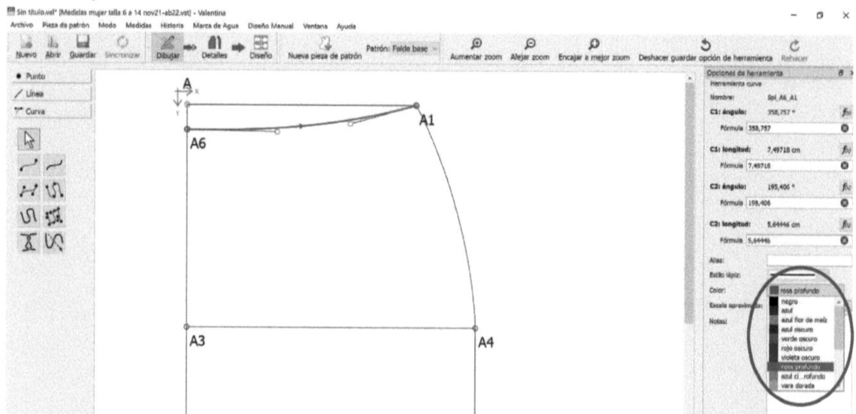

Se formó el punto "A6" y este se lo debe unir con una línea curva con el punto "A1", se puede cambiar el color de la línea para diferenciarlo del posterior, en el lado derecho de la pantalla se encuentra las "Opciones de herramienta" en donde permite cambiar de color a las líneas.

Figura 63

Aplicación de punto intermedio.

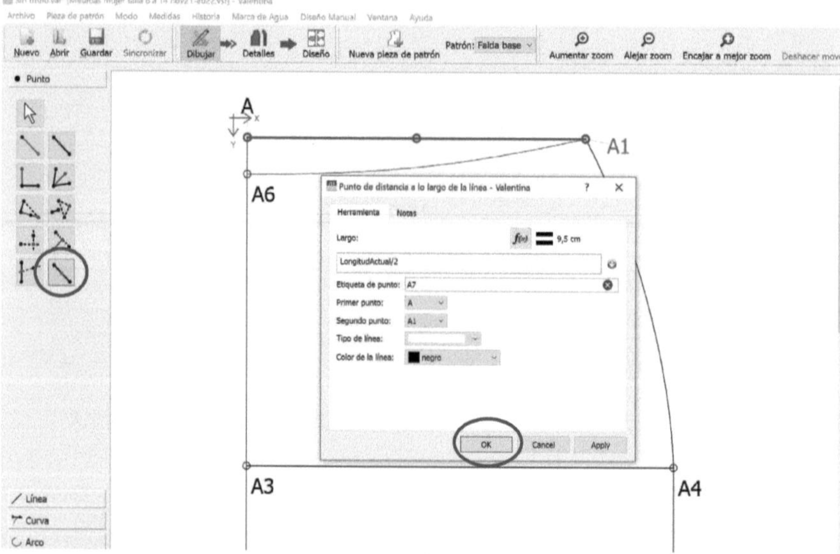

Sobre la línea recta de cintura se va a formar la pinza de la parte posterior, esta pinza se la debe realizar en la mitad de esta línea, la herramienta con la que se puede buscar la mitad de una línea recta esta entre las herramientas de "Punto", se selecciona la herramienta "Punto intermedio entre dos puntos" y señala que línea se quiere dividir, en este caso se selecciona el punto "A" con el punto "A1" y se presiona "Ok".

Figura 64

Insertar punto intermedio.

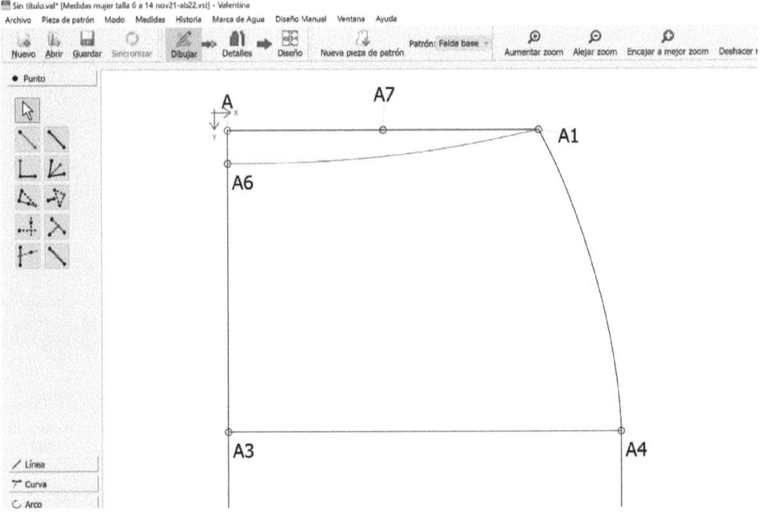

Se creará un punto central que en este caso se denomina punto "A7"

Figura 65

Proceso pa insertar nuevo punto.

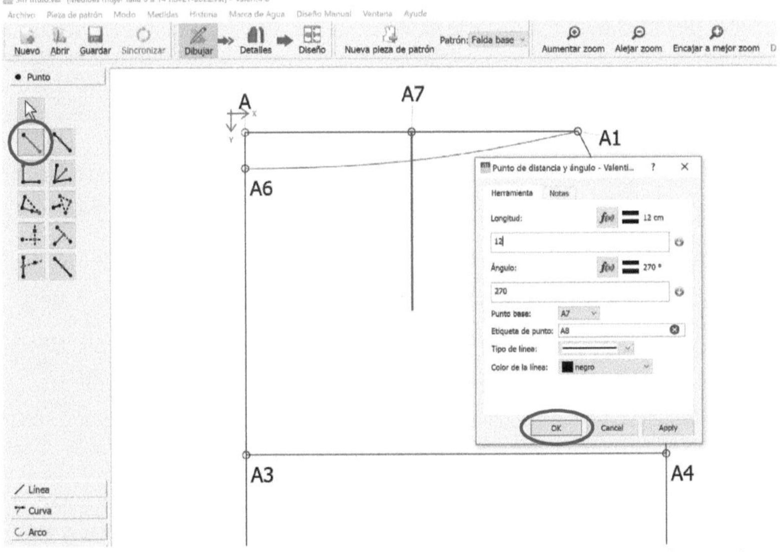

Luego de aplicar el punto donde estará ubicada la pinza se debe formar la misma, se empieza realizando la línea de largo de pinza con la herramienta "Punto de distancia y ángulo", se selecciona el punto "A7" direccionando en sentido vertical presionando Shift para que se mantenga recta y se procede a presionar clic para que aparezca el cuadro de dialogo, se aplica la medida en este caso 12 cm y se selecciona "Ok".

Figura 66

Proceso para insertar nuevo punto.

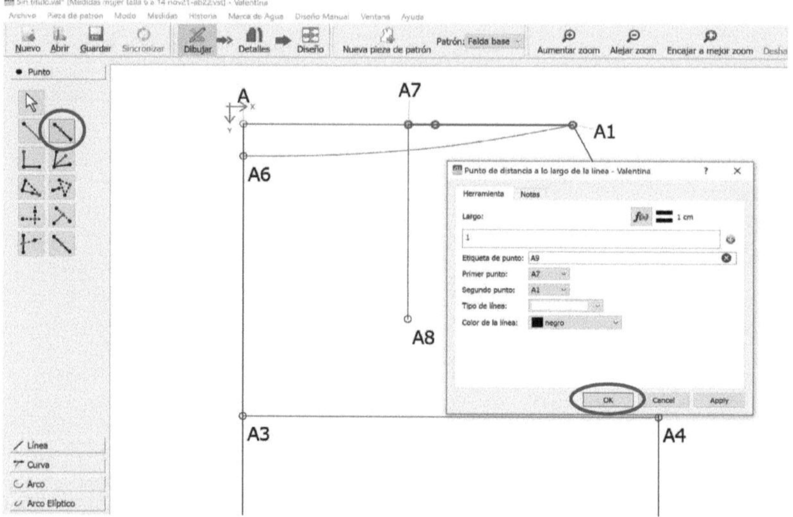

Con la herramienta "Punto de distancia a lo largo de una línea" se aplica el ancho de pinza, se selecciona el punto "A7" seguido del "A1" y se ingresa el ancho requerido en este caso 1 cm para cada lado de la pinza, recordando que la selección de los puntos inicia desde donde se comienza a medir hacia donde se terminará, por ende para el otro lado de pinza se debe seleccionar desde el punto "A7" hacia el "A"

Figura 67

Unión de puntos con línea.

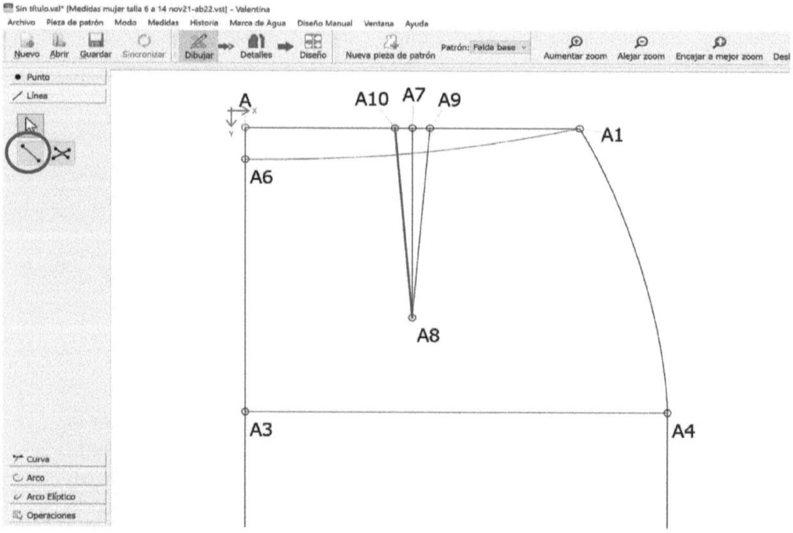

Con la herramienta "Línea entre puntos", se une todos los puntos que conforman la pinza, en este caso el "A10" con el "A8" y el "A9" con el "A8"

Figura 68

Proceso para agregar puntos sobre línea curva.

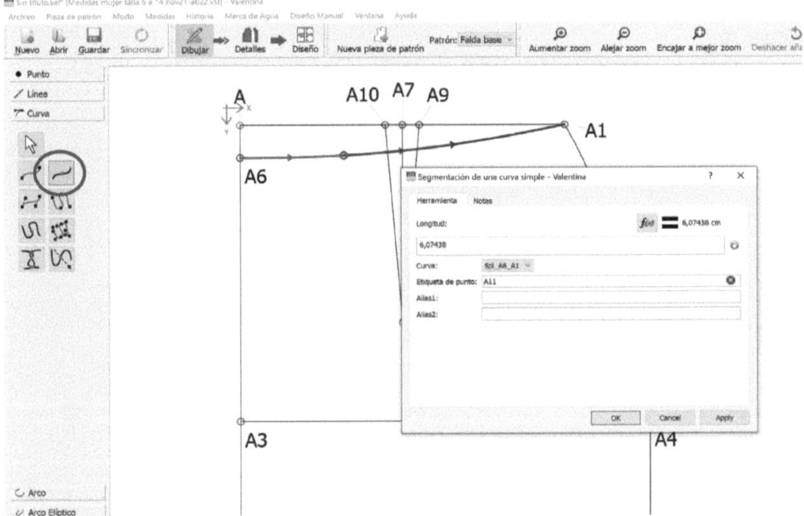

Sobre la línea de cintura del delantero se debe agregar la pinza, al ser una línea curva se debe hacer uso de la herramienta "Segmentación de una curva simple", que sirve para agregar puntos sobre líneas curvas, con la herramienta seleccionada se debe presionar clic sobre la curva para que se sujete un punto y nuevamente clic para que se abra el cuadro de dialogo.

Figura 69

Creación de nuevo punto.

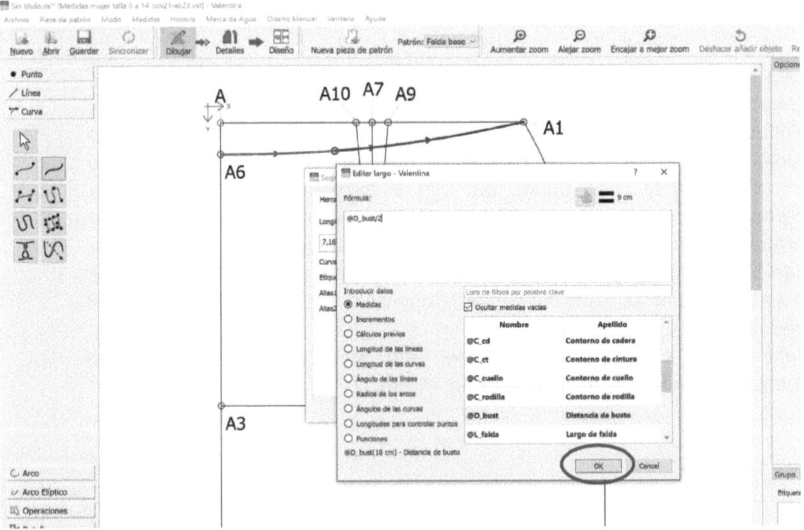

Dentro del asistente de formula se selecciona la medida requerida en este caso distancia de busto dividido para 2 y se procede a presionar "ok".

Figura 70

Proceso para insertar punto sobre curva.

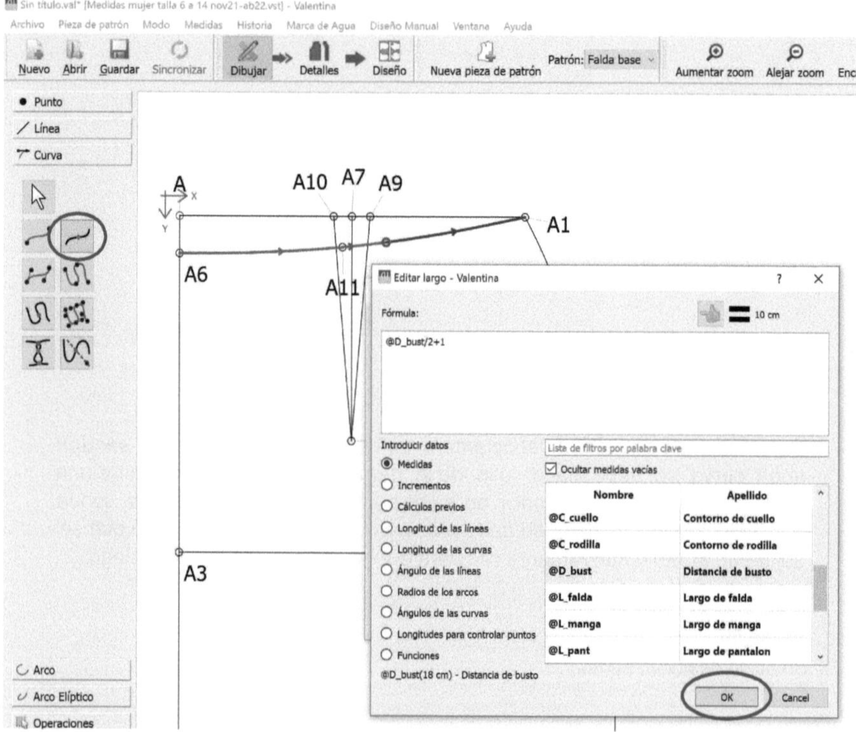

Para agregar el ancho de pinza se debe utilizar la misma herramienta "Segmentación de una curva simple".

A diferencia de las herramientas de punto esta herramienta no selecciona puntos que sirvan como referencia para aplicar una medida, si no únicamente a la línea curva, por ello se debe buscar estrategias para ingresar la medida que se necesita. Se sugiere dentro del asistente de formula seleccionar la medida distancia de busto dividido para 2 eso significaría que el punto quedaría sobre el mismo punto "A11" (centro de pinza), por ello se debe aumentar la operación + 1 cm para el ancho del lado derecho y presionar "ok".

Para aplicar el ancho de pinza del lado izquierdo se repite la misma operación con la diferencia que sería - 1 cm.

Figura 71

Creación de nuevo punto.

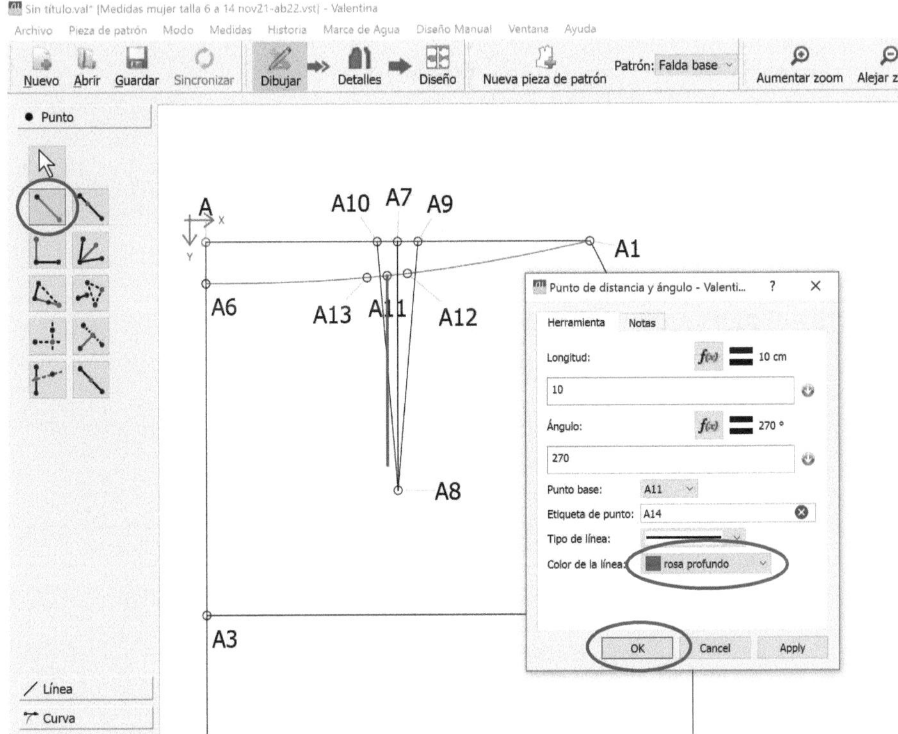

Desde el punto "A11" que representa el centro de pinza se debe aplicar el largo de la misma, con la herramienta "Punto de distancia y ángulo", se selecciona el punto "A11" direccionando en sentido vertical presionando Shift para que la línea se mantenga recta y se procede a presionar clic para que aparezca el cuadro de dialogo, se aplica la medida en este caso 10 cm, se recomienda también cambiar el color para que se diferencie de la pinza del posterior y se selecciona "Ok".

Unión de puntos con línea recta.

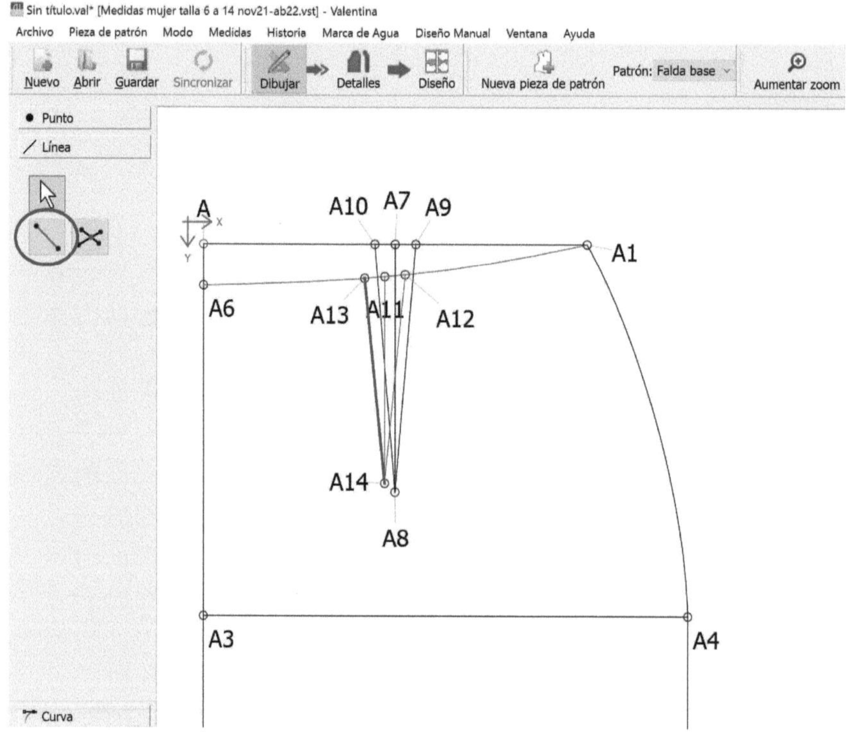

Con la herramienta "Línea entre puntos", se une todos los puntos que conforman la pinza, en este caso el "A12" con el "A14" y el "A13" con el "A14"

Se recomienda cambiar el color de las líneas para que se diferencie la pinza del delantero con la del posterior.

Figura 73

Patrón completo de falda base.

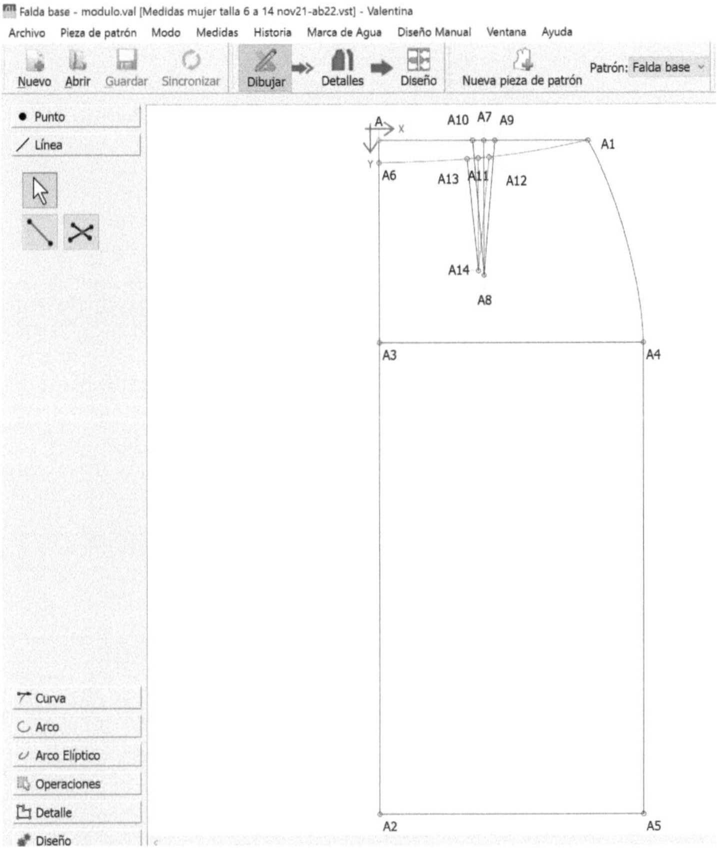

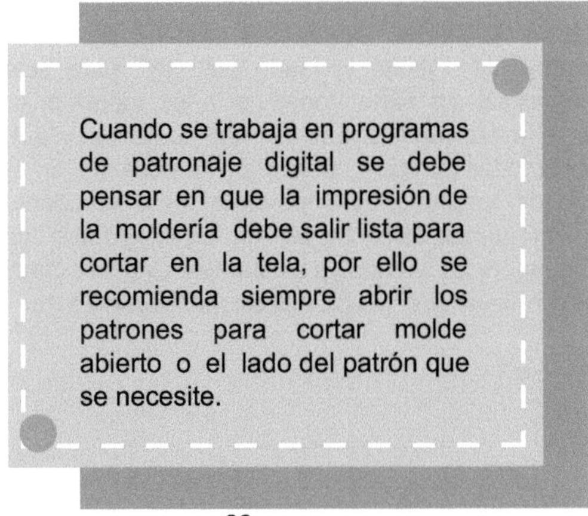

De esta manera se observa el patrón completo tanto delantero como posterior.

Cuando se trabaja en programas de patronaje digital se debe pensar en que la impresión de la moldería debe salir lista para cortar en la tela, por ello se recomienda siempre abrir los patrones para cortar molde abierto o el lado del patrón que se necesite.

Figura 74

Herramienta para hacer espejo de patrón.

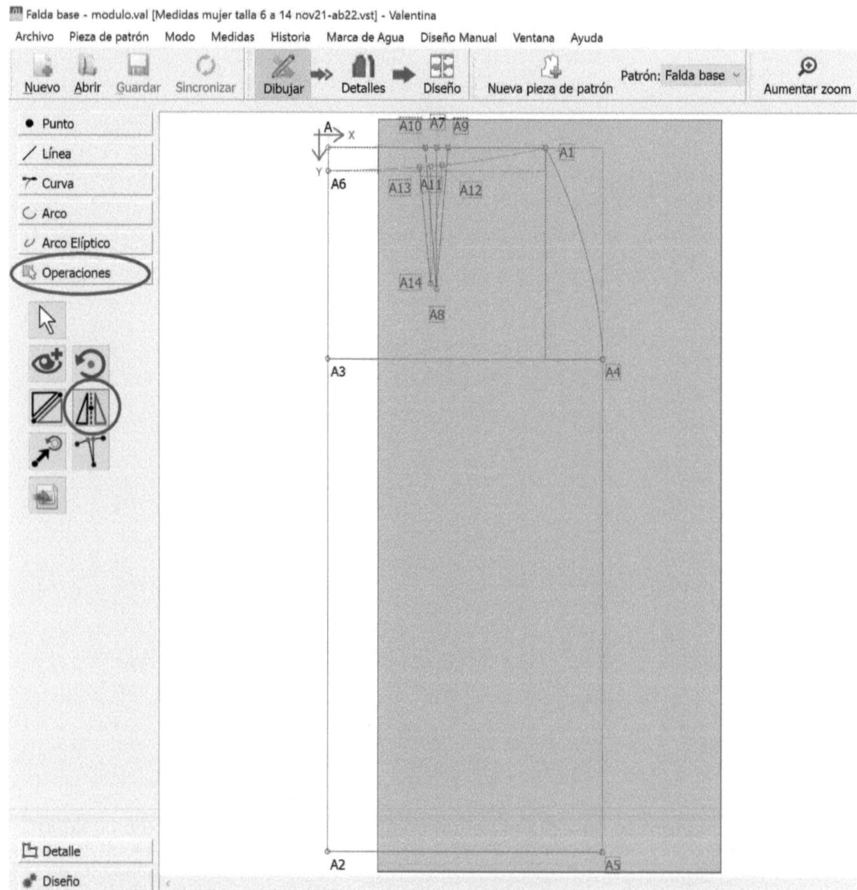

Para abrir el patrón se debe dirigir a la pestaña de "Operaciones" y seleccionar la herramienta "Objeto volteado por eje", para seleccionar los puntos y curvas a voltear se tiene varias opciones, seleccionar uno a uno, seleccionar varios a la vez con la ayuda del "ctrl" sostenido y la manera más rápida es arrastrar sobre los puntos y curvas que se necesite, en esta ocasión se utilizó la opción de arrastrar, es importante tomar en cuenta que no es necesario señalar los puntos de centro (A, A6, A3, A2) ya que ocasionaría la creación de puntos sobre los puntos ya existentes. Una vez marcados todos los puntos y curvas a reflejar se procede a presionar la tecla enter.

Figura 75

Proceso pra hacer espejo de patrón.

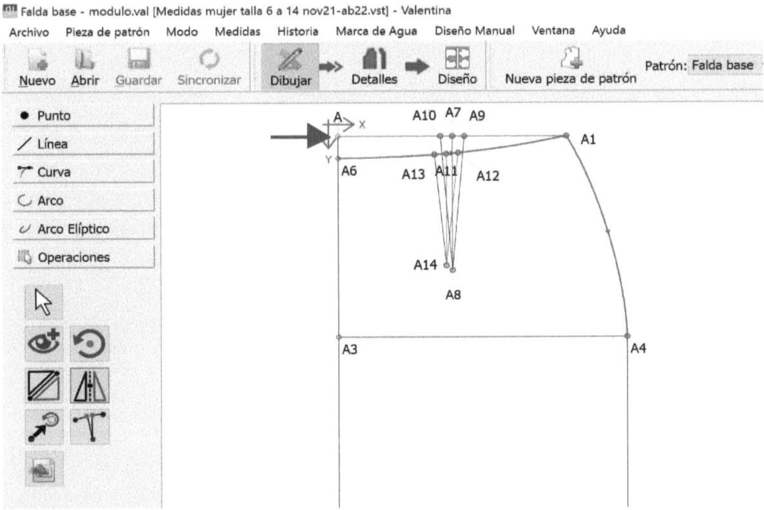

Al presionar enter se resaltará en color verde, eso muestra lo que se ha marcado para hacer reflejo. Es aquí donde se debe seleccionar el punto de eje, en este caso será el punto "A".

Figura 76

Espejo de patrón.

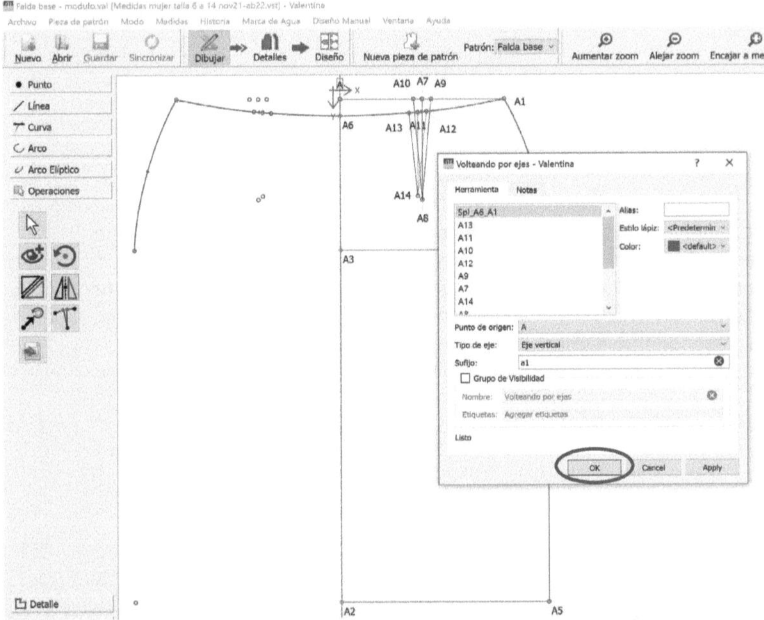

Se abre un cuadro de dialogo mostrando todos los puntos y curvas que se reflejaran, luego de verificar se presiona "Ok".

Figura 77

Unión de puntos con línea recta.

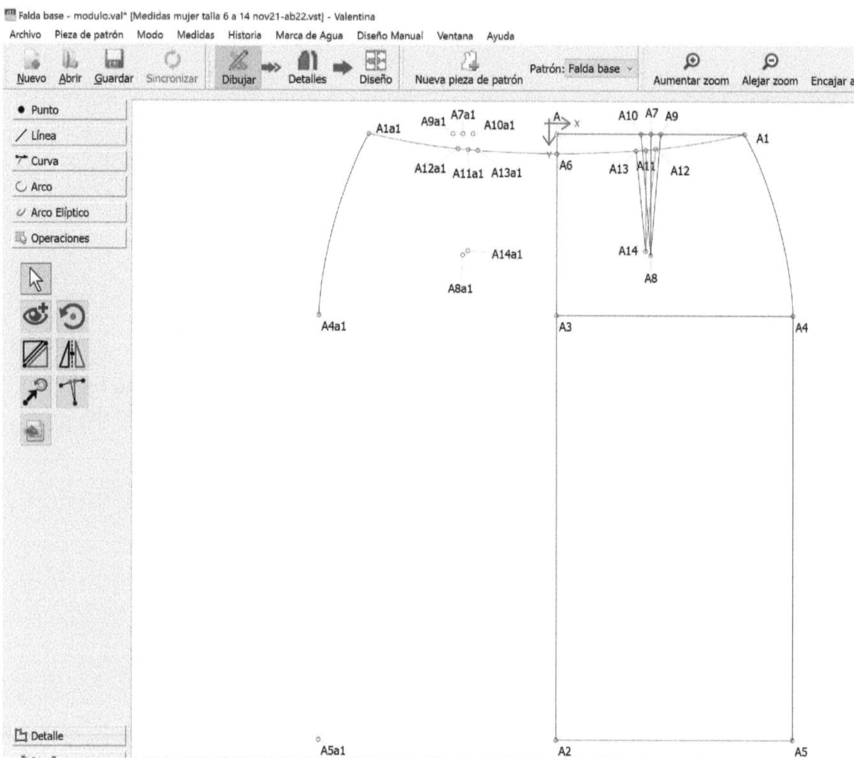

Es importante mencionar que las líneas rectas no se reflejan, por lo que únicamente se deberá unir con la herramienta "Línea entre puntos".
Si llegase a ocurrir que algún punto o curva no se copió se selecciona la misma herramienta "Objeto volteado por eje" y se vuelve a hacer el mismo proceso marcando únicamente el punto o curva que hace falta.

Figura 78

Conocimiento de herramienta pieza de trabajo.

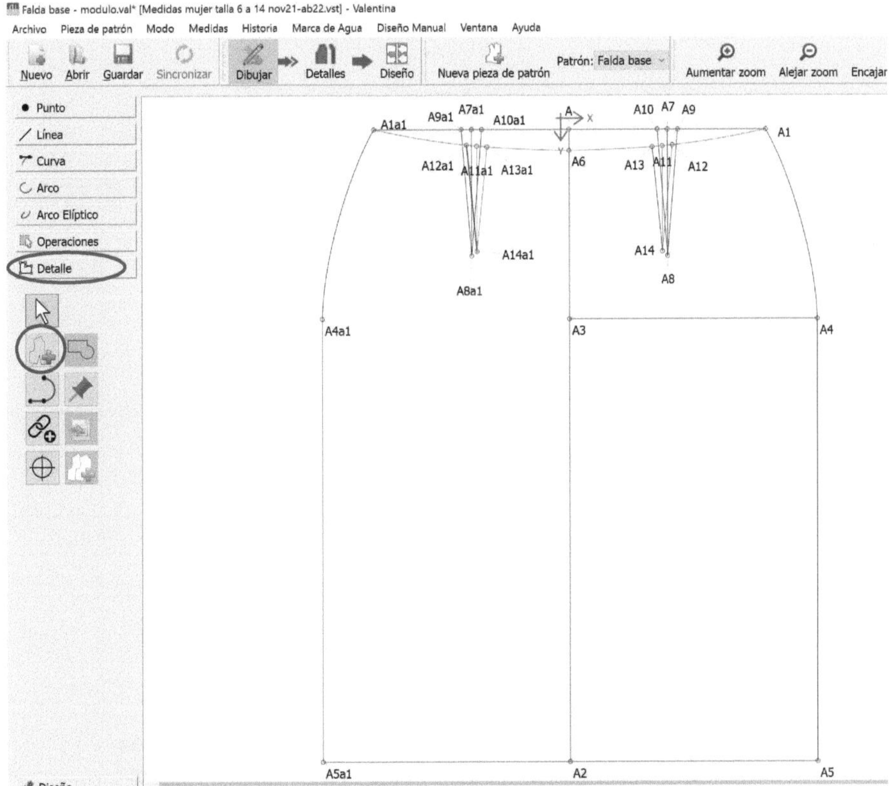

El patrón para estar listo para la impresión debe ser separado por cada una de las piezas que lo conforman es decir delantero y posterior.

Para ello se debe ingresar a la pestaña "Detalle" y se debe escoger la "Herramienta pieza de trabajo".

Figura 79

Selección de área a separar.

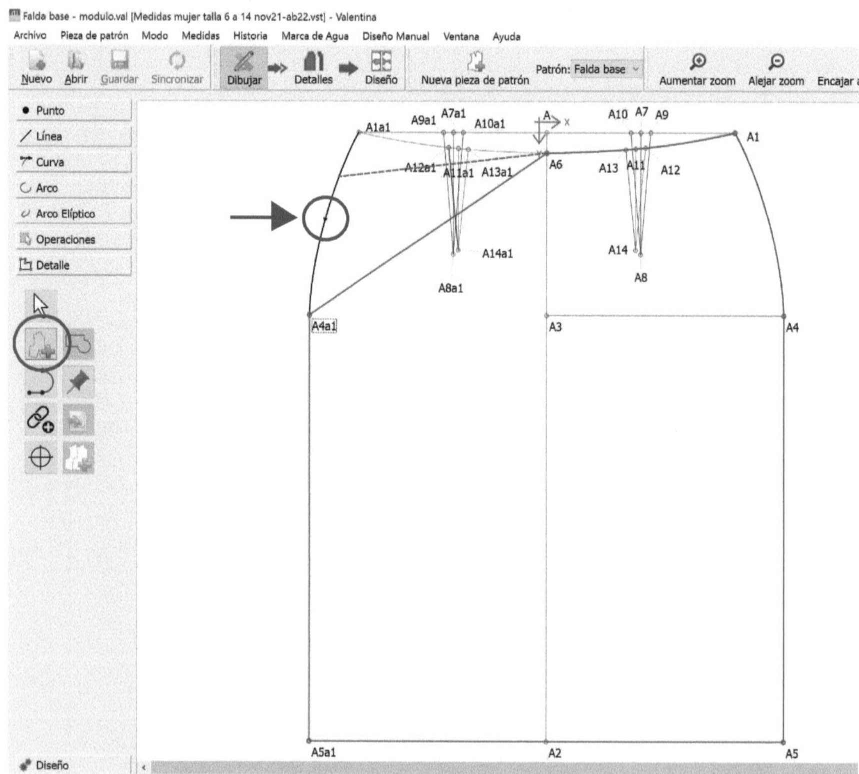

Con la herramienta seleccionada se debe marcar todos los puntos y curvas que se necesite y que pertenezcan al patrón que se va a separar (hacerlo únicamente en sentido horario) al observar se puede notar que las secciones se van remarcando en color rojo, esto servirá para ir verificando que se va desarrollando de manera correcta.

Nota: Si se observa alguna curva en dirección contraria a las manecillas del reloj (como el ejemplo mostrado) no se podrá seleccionar la curva sin antes presionar "Shift" sostenido.

Figura 80

Proceso de separación de piezas.

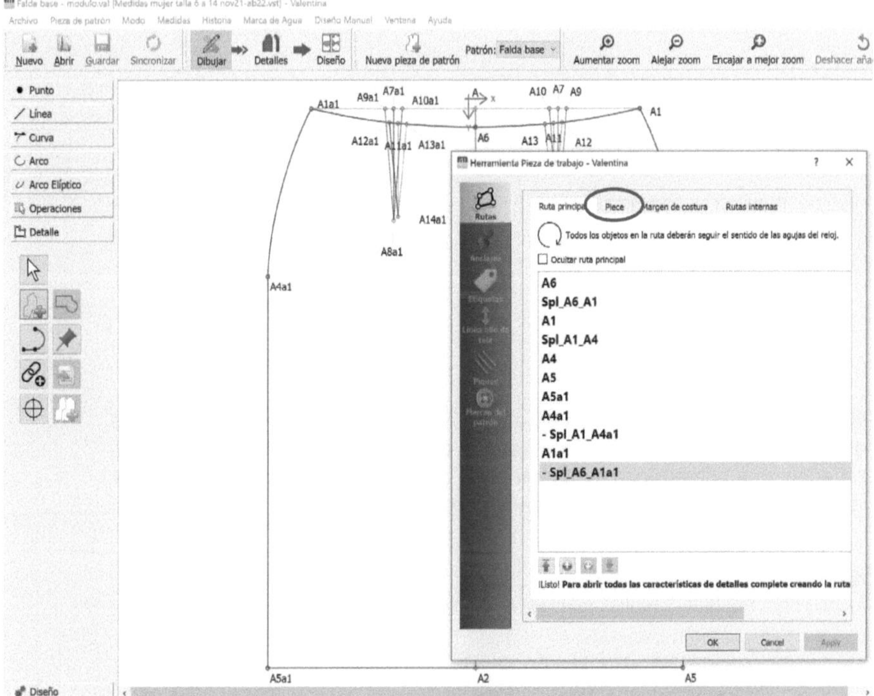

Una vez marcado el último punto o curva se podrá observar todo el contorno de la pieza seleccionada de color rojo, seguido a esto se debe presionar "Enter" para que aparezca el cuadro de dialogo donde se podrán verificar los puntos y curvas seleccionadas. Es recomendable ingresar a la pestaña "Piece" para agregar el nombre de la pieza en la opción "Nombre de detalle" y finalmente presionar "Ok"

Nota: Se debe hacer el mismo proceso con todas las piezas que se necesiten, en este caso posterior tanto derecho como izquierdo.

Figura 81

Visualización de las piezas separadas.

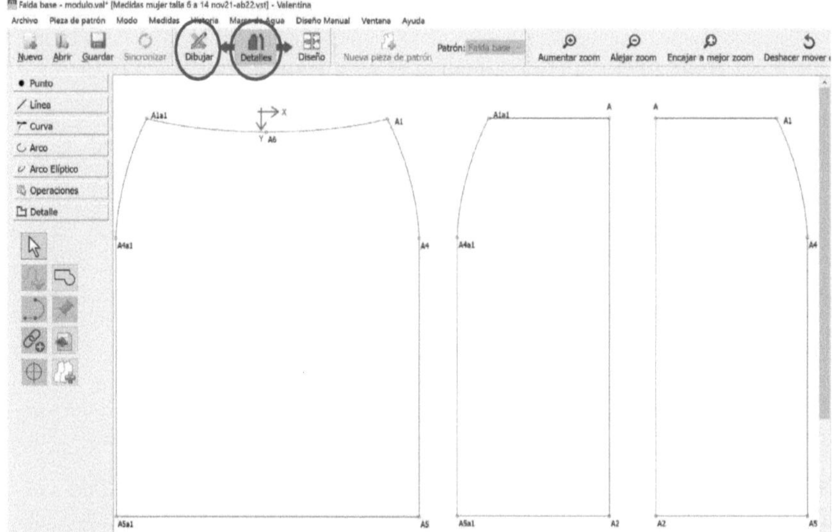

Para verificar que la separación de piezas se la haya realizado correctamente se debe ingresar a la mesa de trabajo "Detalles", generalmente las piezas aparecen una sobre otra y únicamente se deberán mover con el cursor. Para trasladar las pinzas se debe regresar a la mesa "Dibujar"

Figura 82

Proceso para trasladar detalles internos a las distintas piezas.

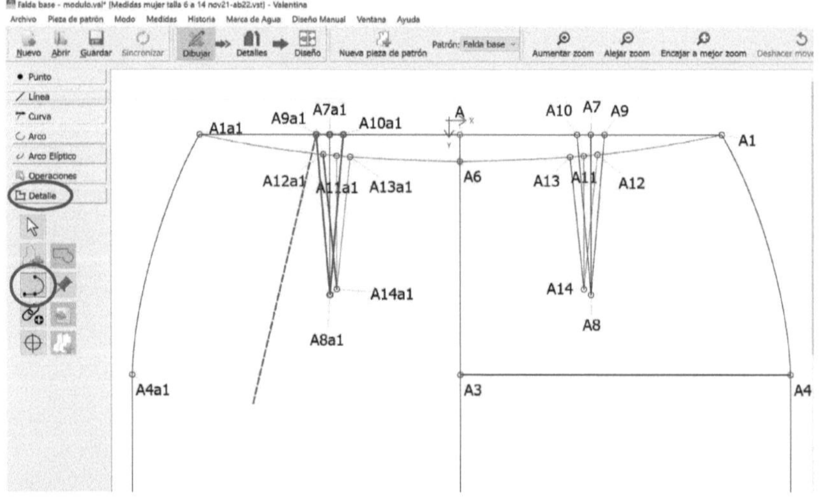

Una vez en la mesa de dibujo se debe dirigir nuevamente a las herramientas de "Detalle" y se selecciona la "Herramienta ruta interna", se debe marcar los puntos que conforman la pinza cerrando la misma y se procede a presionar "Enter".

Ubicación de detalles a la pieza que corresponde.

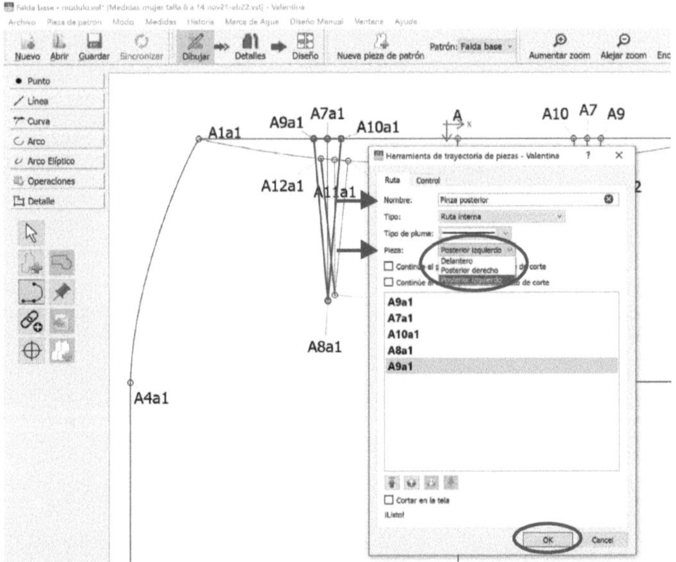

Se abrirá el cuadro de dialogo en el que se verifica los puntos marcados, en la opción "Nombre" se puede ubicar un nombre para la misma y en "Pieza" se debe seleccionar la pieza donde se ubicará la pinza y finalmente se presiona "Ok".

Figura 84

Visualización de piezas.

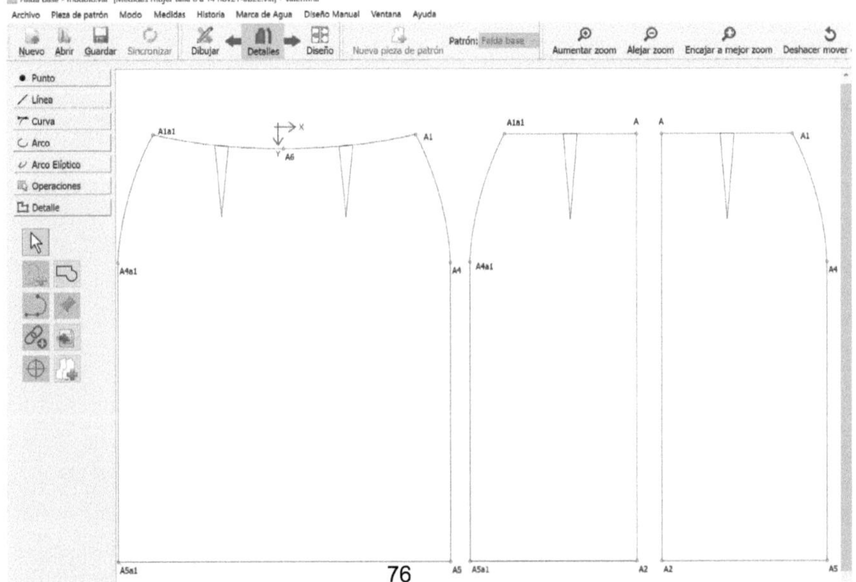

Figura 85

Ingreso a opciones de herramientas.

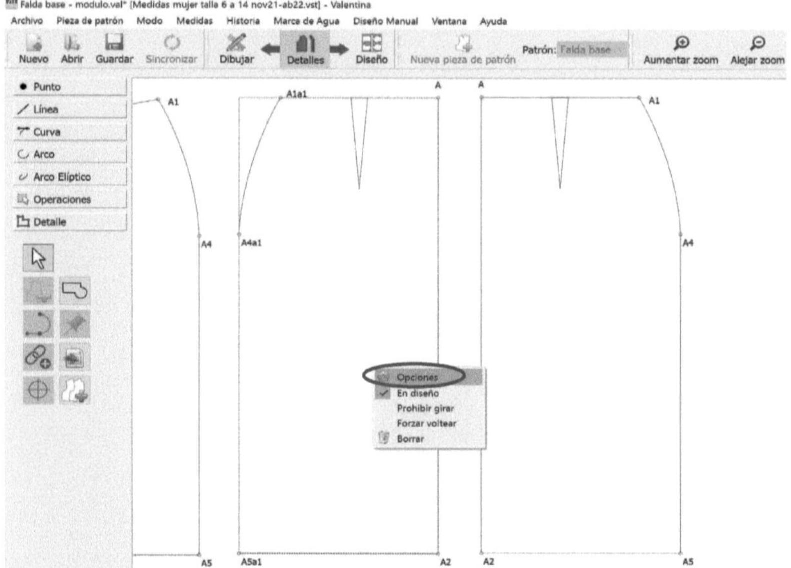

Para añadir margen de costura se debe seleccionar una de las piezas,
presionar clic derecho e ingresar a "Opciones".

Figura 86

Ingreso a la opción margen de costura.

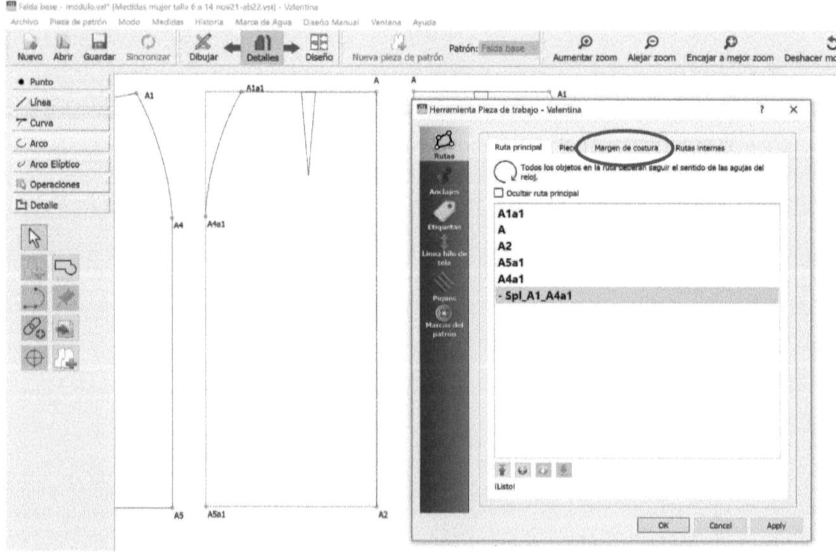

Se abre el siguiente cuadro de dialogo y se debe ingresar a la pestaña
"Margen de costura".

Figura 87

Proceso para agregar margen de costura.

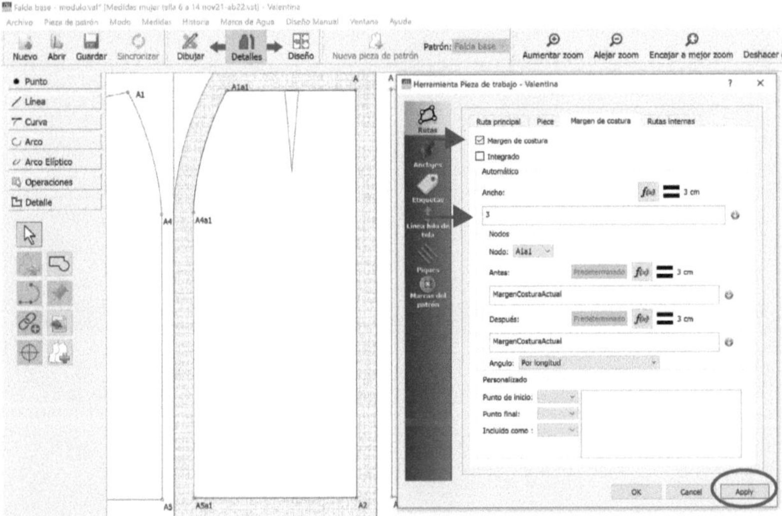

Se debe activar el "Margen de costura" y en la opción "Ancho" se ingresa la cantidad de costura que se desee aplicar para el contorno de todo el patrón, en este caso 3 cm y se presiona clic en "Apply" (aplicar) para verificar si se insertó bien las costuras.

Figura 88

Proceso para agregar cantidades distintas de costuras.

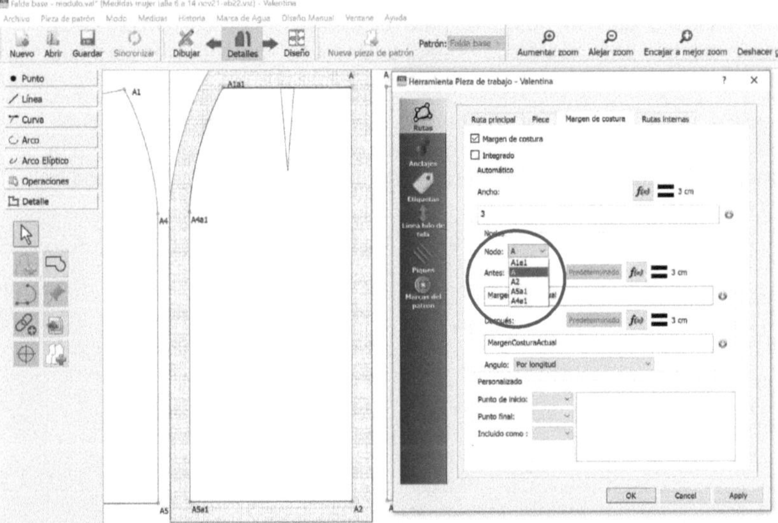

Si se desea aplicar una cantidad diferente de costura en alguna de las partes se debe seleccionar los puntos en los que va a aplicar esa cantidad, en la opción de "Nodo".

Figura 89

Proceso para agregar cantidades distintas de costuras.

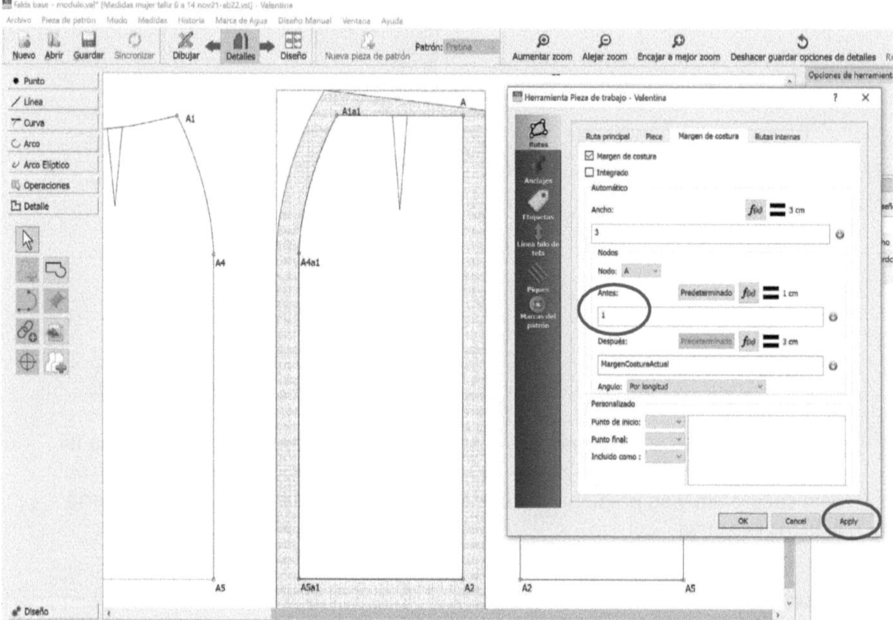

Se selecciona el punto que se va a modificar la costura en este caso el "A" y se aplica la cantidad que se necesite, para el ejemplo se aplicó 1cm, se debe agregar la costura en la opción de "Antes" o "Después" dependiendo para que dirección (manecilla del reloj) se vaya a insertar la costura.

Se presiona clic en "Apply" y se verifica que la costura se haya aplicado correctamente, si se diera el caso que la costura se insertó para el lado equivocado únicamente se vuelve a presionar el predeterminado y se agrega la costura en la otra opción.

Figura 90

Ingreso de margen de costura.

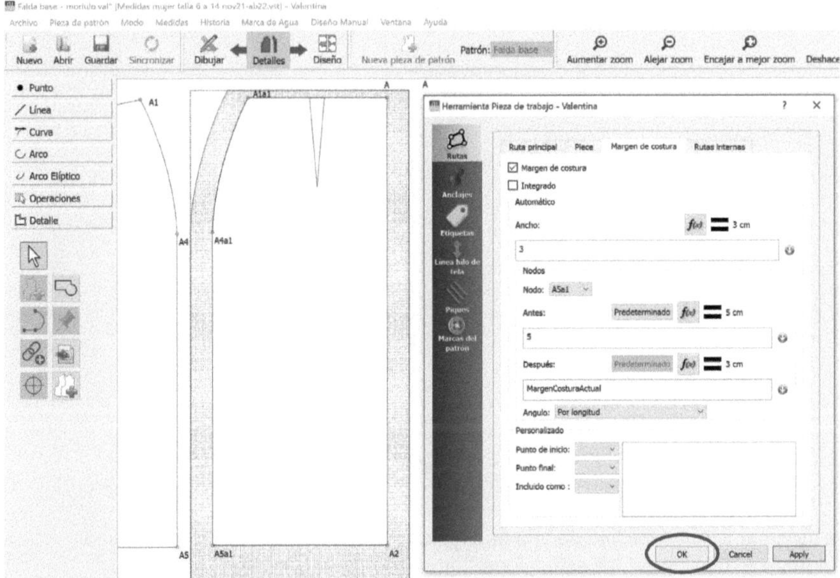

Así en cada uno de los puntos que se vaya a modificar las costuras, una vez finalizado se presiona clic en "Ok".

Figura 91

Piezas con margen de costura.

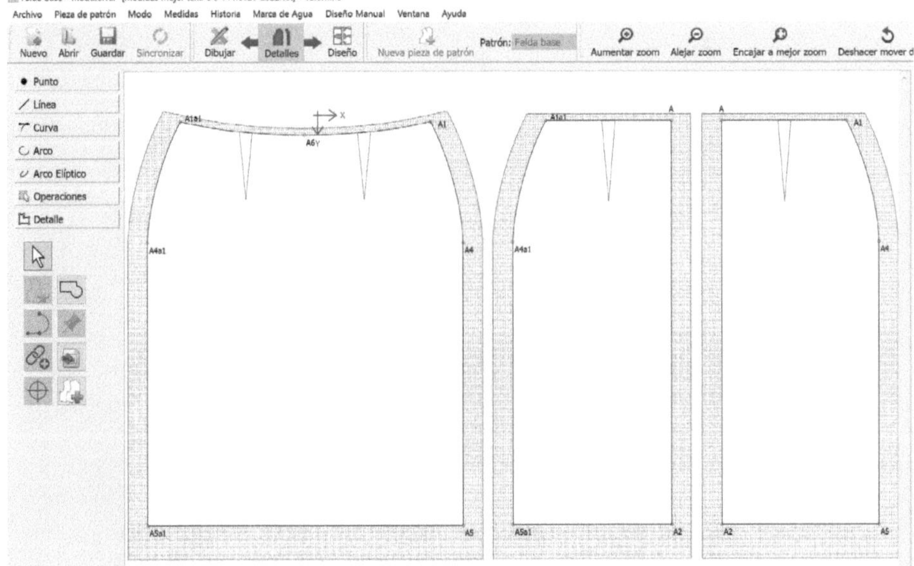

Figura 92

Proceso para ingresar línea de hilo de tela.

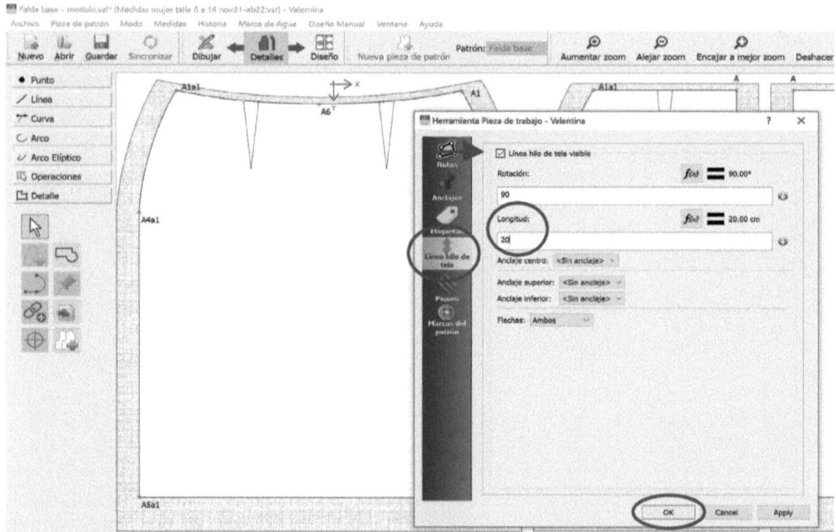

Para ingresar la línea de hilo de tela se presiona sobre la pieza clic derecho y se ingresa a "Opciones", se selecciona "Línea hilo de tela, posterior a eso se activa "Línea hilo de tela visible", en longitud se ingresa la medida que se requiera y finalmente se presiona "ok".

Figura 93

Proceso para ingresar etiqueta.

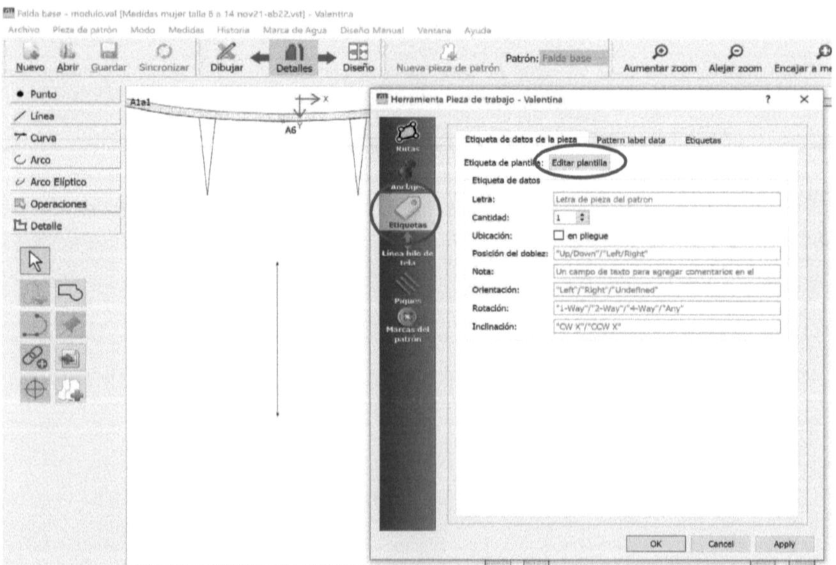

Para añadir etiqueta se debe seleccionar una de las piezas, presionar clic derecho e ingresar a "Opciones", se abre el siguiente cuadro de dialogo y se debe ingresar a "Etiquetas" seguido de "Editar plantilla.

Figura 94

Ingresar datos para etiqueta.

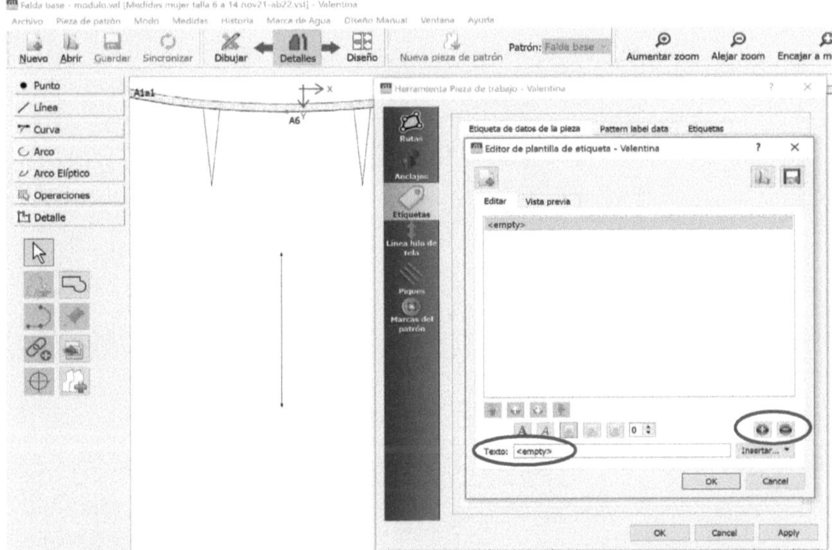

Para agregar líneas donde se escribirá la información deseada en la parte inferior derecha se encuentra un "+" y si llegase a haber la necesidad de borrar se cuenta con el "-", en la opción "Texto" se puede editar escribiendo la información requerida.

Figura 95

Insertar datos para etiqueta.

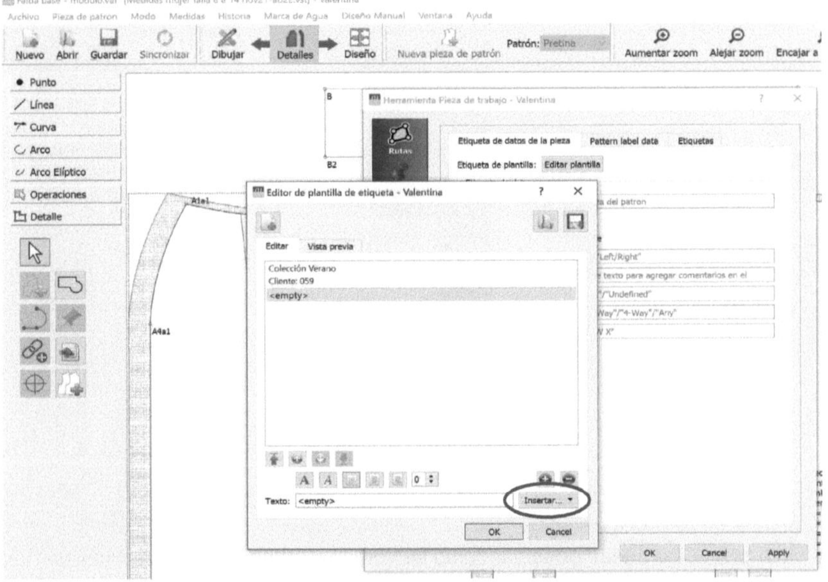

También se puede insertar datos preestablecidos desde la opción "Insertar".

Figura 96

Insertar datos para etiqueta.

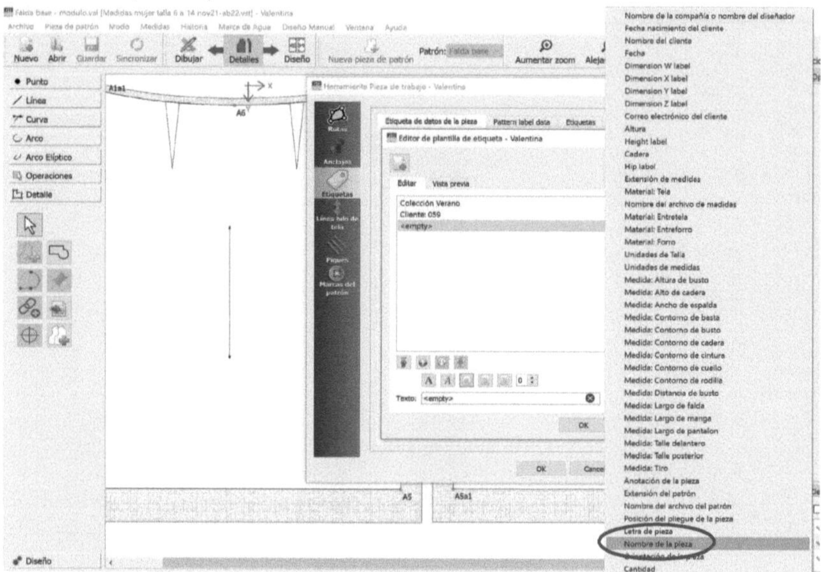

Se recomienda insertar el dato de "Nombre de la pieza".

Figura 97

Vista previa de etiqueta.

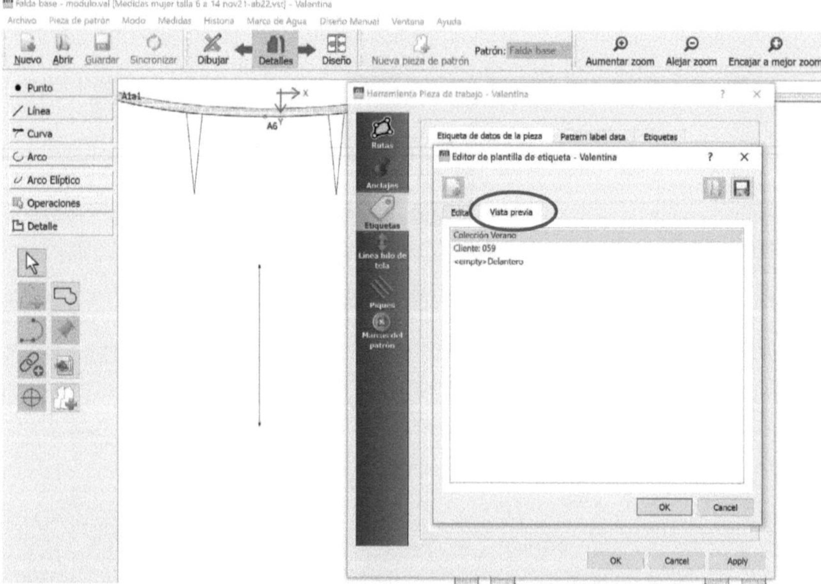

En "vista previa" se puede observar como se vera la información en la etiqueta, se recomienda borrar la palabra "<empty>" y de ser el caso sustituirla.

Figura 98

Proceso para guardar etiqueta.

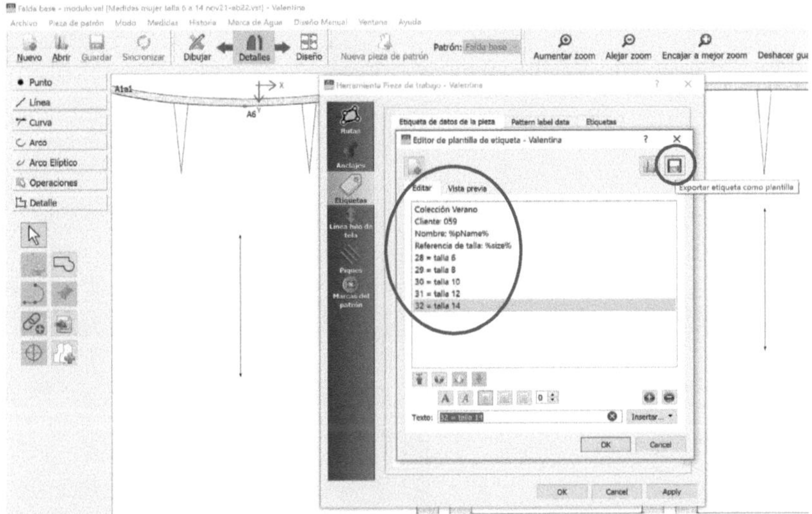

La información ingresada en la etiqueta depende de la necesidad del diseñador, como sugerencia por las características del programa se debe ingresar cada referencia y talla a la que representa, una vez finalizado se debe guardar la etiqueta para agilizar el proceso, dar clic en "Exportar etiqueta como plantilla".

Figura 99

Proceso para guardar etiqueta.

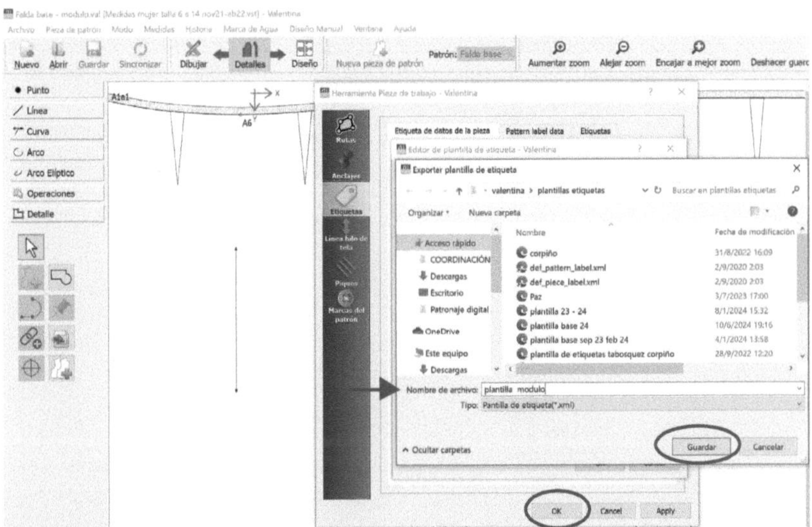

Se debe agregar un nombre a la plantilla y se presiona "Guardar", seguido a ello "Ok".

Figura 100

Configuración para ingresar etiqueta.

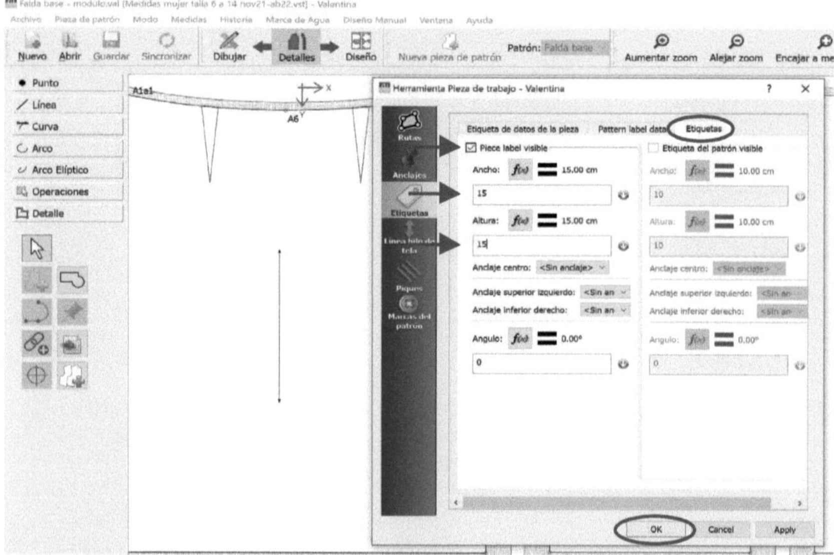

Ingresar a la pestaña "Etiquetas" y activar para que la etiqueta sea visible "Piece label visible", en ancho y altura agregar la medida que se quiere que tenga la etiqueta y presionar "Ok".

Figura 101

Aplicación de etiqueta.

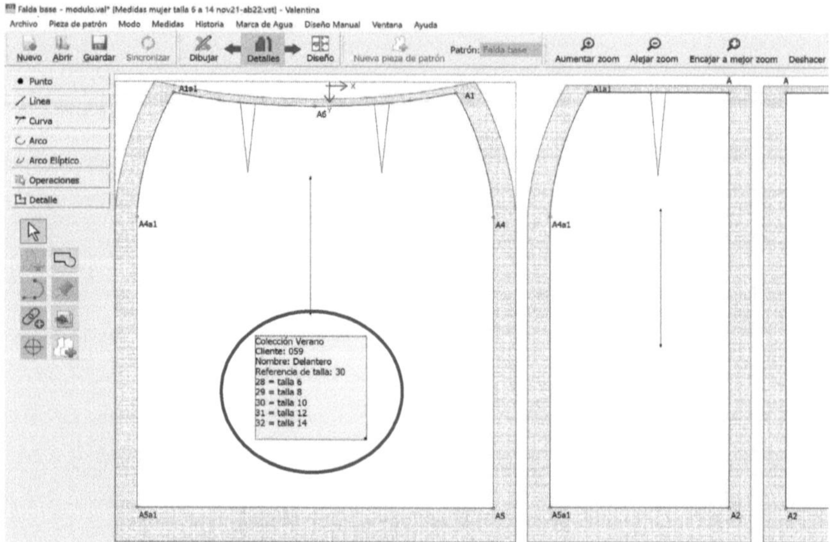

De esa manera se visualizará la etiqueta aplicada, se la puede ubicar con el puntero en la posición que se desee.

Figura 102

Importar etiqueta.

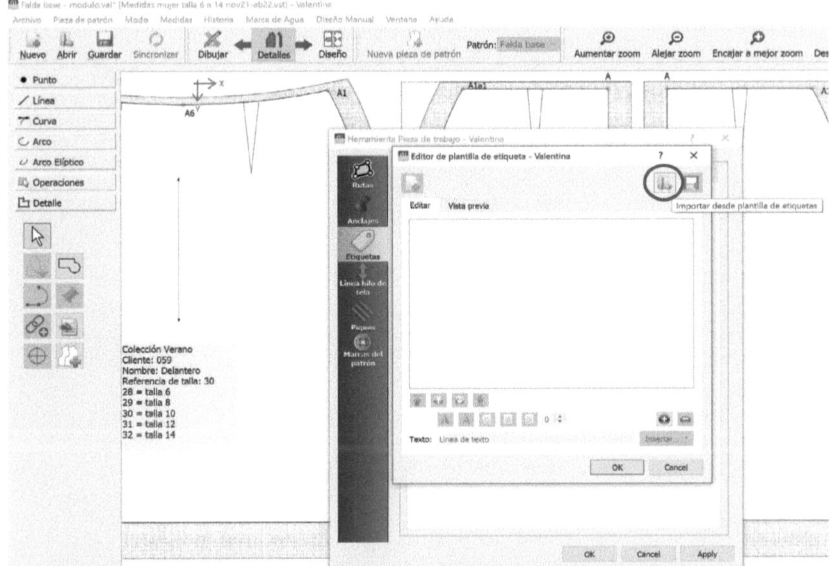

Para agregar la etiqueta a las demás piezas se sigue el mismo proceso con la diferencia que se puede ingresar a "Importar desde plantilla de etiquetas" para agilizar el proceso.

Figura 103

Proceso para importar e insertar etiqueta.

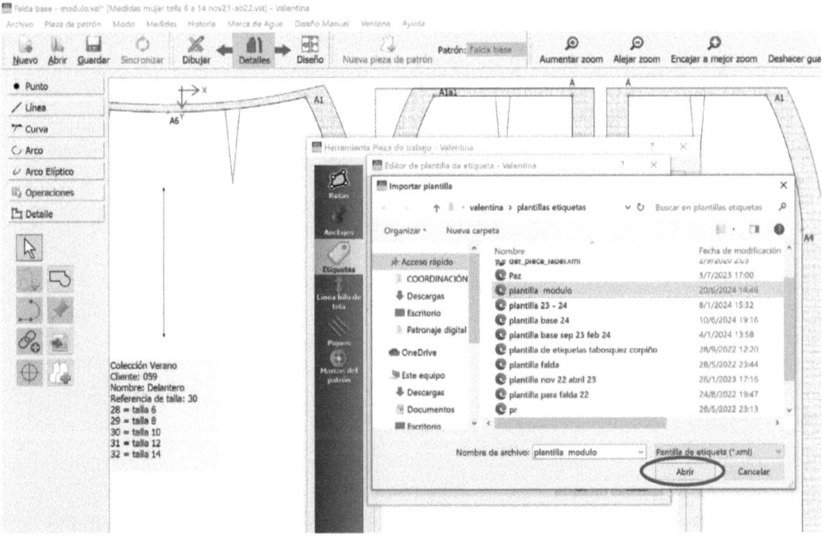

Se debe seleccionar la plantilla a utilizar y se presiona "Abrir".

Figura 104

Etiquetas aplicadas y escalado.

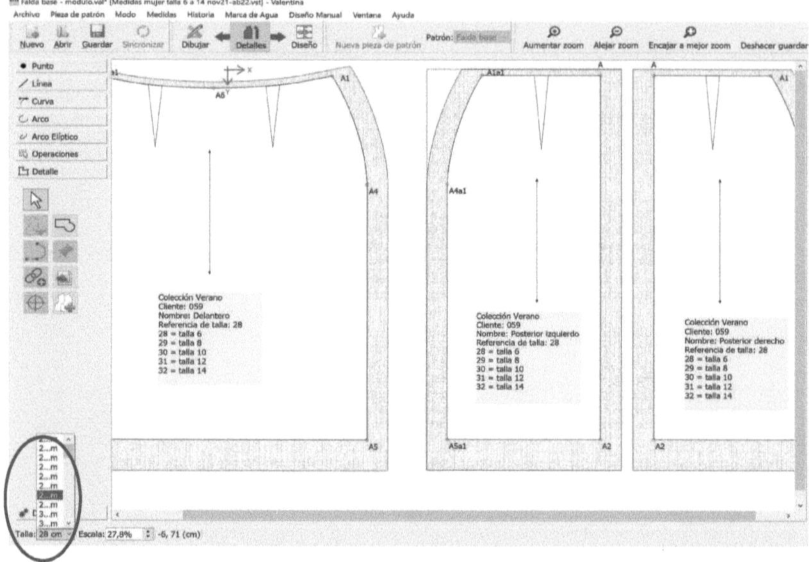

Se debe trabajar de la manera anteriormente mencionada, habilitar etiqueta visible, ubicar la medida que se desea que tenga la misma y de esta manera se visualizarán las etiquetas sobre las piezas. Para el proceso de escalado basta seleccionar la talla que se quiere imprimir, al haber insertado el dato de nombre de pieza y talla cambia automáticamente en base a la pieza y talla seleccionada.

Nota: No se debe imprimir tallas que no hayan sido consideradas en el cuadro de medidas.

Figura 105

Proceso para insertar nueva pieza.

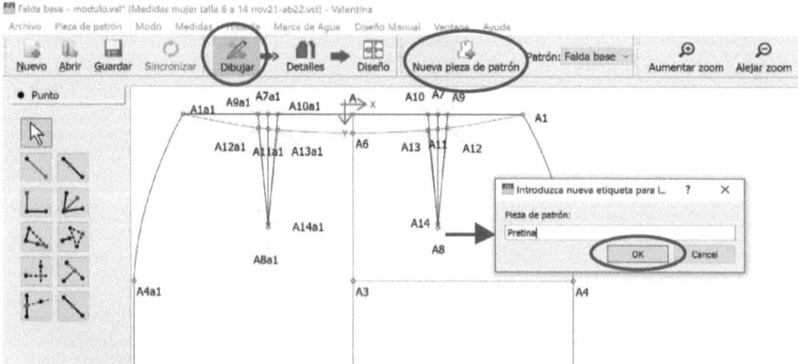

Si se llega a dar el caso que se necesite dibujar una nueva pieza, por ejemplo en este caso la pretina se debe volver a la mesa de trabajo "Dibujar" y crear una "Nueva pieza de patrón", se inserta un nombre y se presiona "Ok".

Figura 106

Proceso para seleccionar la pieza a trabajar.

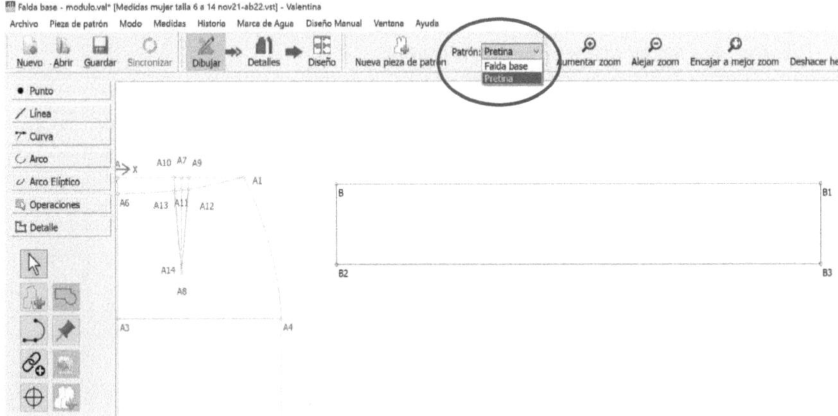

Se crea un nuevo punto en este caso "B" desde donde se puede dibujar una nueva pieza. En la opción "Patrón" se encontrarán todas las piezas existentes donde se puede escoger una de ellas para trabajar.

Figura 107

Patrón final.

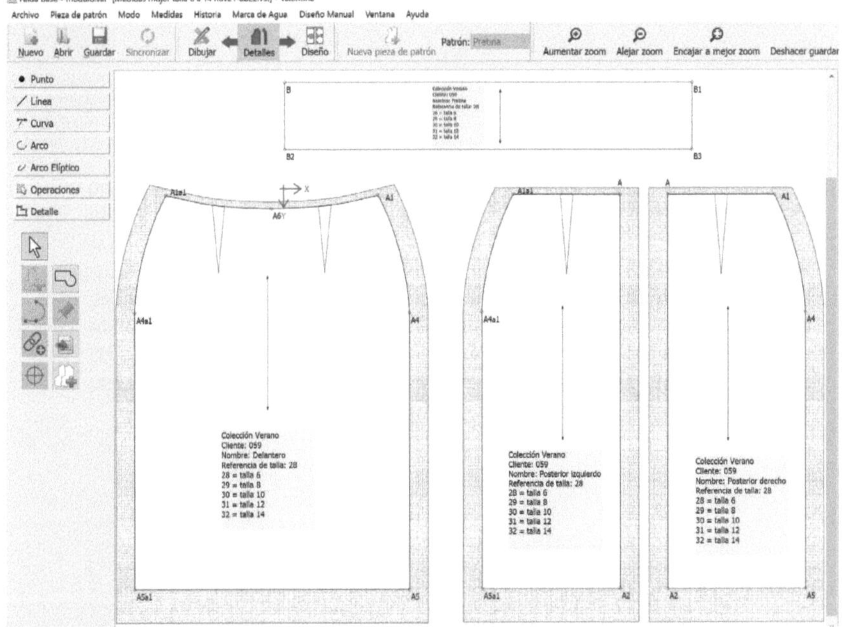

Se trabaja el mismo procedimiento para trasladar la pretina a la mesa de "Detalles" donde se inserta costuras, línea de hilo de tela y etiquetas (En este ejemplo no se requirió agregar costuras).

Figura 108

Proceso para tender patrones para la impresión.

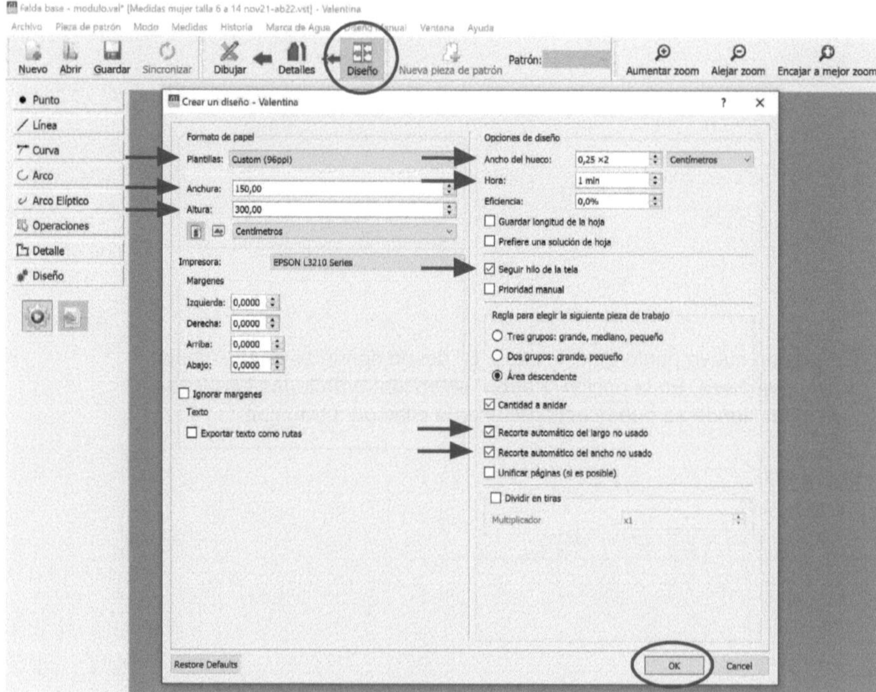

Una vez listas todas las piezas para el proceso de impresión se debe
ingresar a la mesa de trabajo "Diseño" donde se realiza el tendido de tela,
en la opción "Plantilla" se puede escoger el tamaño de papel requerido o
a su vez ingresar una medida manual en "Anchura" y "Altura", "Ancho de
hueco" representa la distancia que existirá entre pieza y pieza, "Hora" es
el tiempo que se tomará el programa en ubicar las piezas, se recomienda
tener habilitado "Seguir hilo de la tela" "Recorte automático de largo no
usado y "Recorte automático de ancho no usado", finalmente presionar
"Ok" para que empiece el tendido.

Figura 109

Proceso para imprimir.

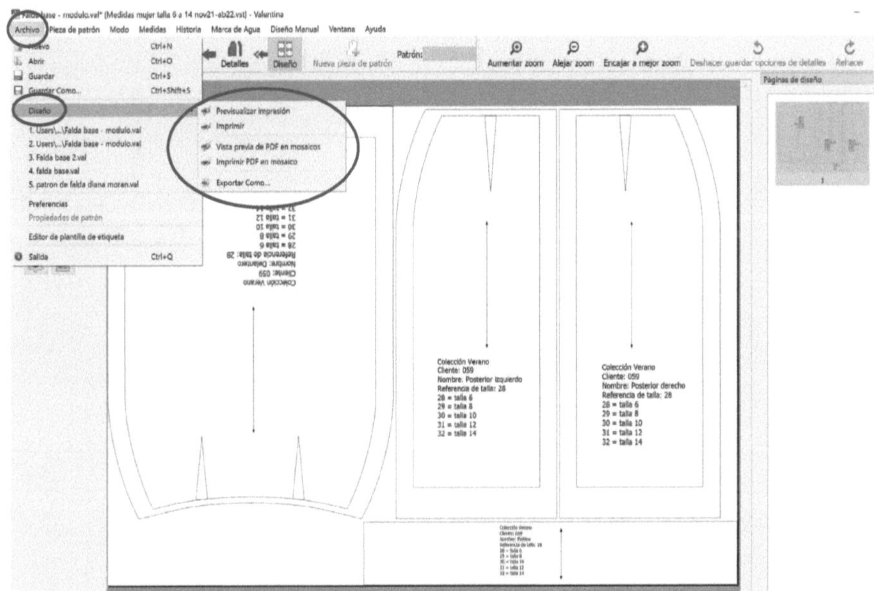

Una vez logrado el tendido esperado se procede a imprimir, se debe ingresar a "Archivo" seguido de "Diseño" y seleccionar la opción requerida ya sea imprimir o visualizar como quedaría la impresión, desde la alternativa "Imprimir" es para una impresión en tamaño real generalmente en plotter, mientras que "Imprimir PDF en mosaico" se logra imprimir en tamaño real pero desde impresoras caseras.

Figura 110

Vista previa de impresión en mosaico.

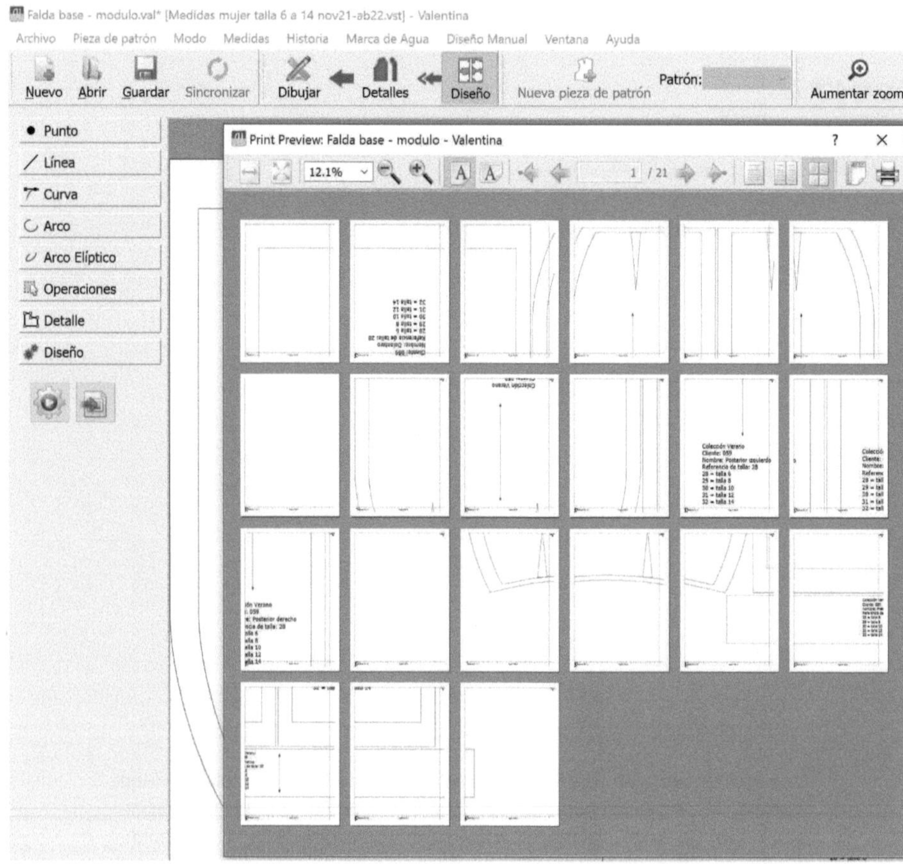

La impresión en mosaico se logra dividiendo el patrón ya que se imprimirá en impresoras caseras, cada hoja cuenta con su numeración y pestaña para unir cada una de las piezas sin confusiones.

Con las herramientas aprendidas se podrá desarrollar cualquier tipo de patrón requerido.

BIBLIOGRAFÍA.

Audaces (s.f). El patronaje industrial de hoy es digital. https://audaces.com/es/patronaje-industrial-hoy-es-digital/

Gómez, G. (2012). El lenguaje de los patrones. Editorial Nobuko.

Escuela de Patronaje de Valencia. (2017). Patronaje industrial. Fábrica de Moda. http://fabricademoda.com/cursos-patronaje-industrial-patronaje escaladopatronaje/

Taco, M. (2024). Patronaje digital. La metro. https://lametro.edu.ec/patronaje-digital/

PATRONAJE DIGITAL.

Adriana Carolina Gallegos Villacis.

Ingeniera en Procesos y Diseño de Modas.

Magister en Educación Mención en Gestión del Aprendizaje Mediado por TIC.

Docente del Instituto Superior Tecnológico Babahoyo.

adrianagalle@hotmail.es

agallegos@istb.edu.ec

yes
I want morebooks!

Buy your books fast and straightforward online - at one of world's fastest growing online book stores! Environmentally sound due to Print-on-Demand technologies.

Buy your books online at
www.morebooks.shop

¡Compre sus libros rápido y directo en internet, en una de las librerías en línea con mayor crecimiento en el mundo! Producción que protege el medio ambiente a través de las tecnologías de impresión bajo demanda.

Compre sus libros online en
www.morebooks.shop

Printed by Books on Demand GmbH, Norderstedt / Germany